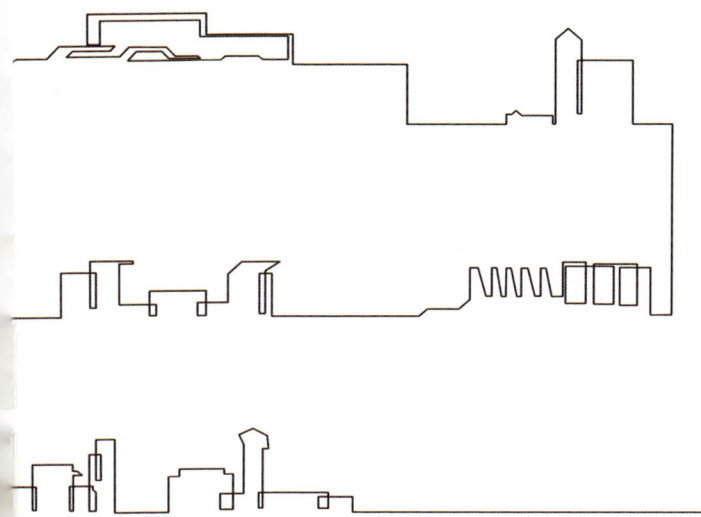

寻找心中最美的校园

中小学系列建筑项目精选案例

倪　欣　邢　超　王福松　主　编

中国建材工业出版社
北京

图书在版编目（CIP）数据

寻找心中最美的校园：中小学系列建筑项目精选案例 / 倪欣，邢超，王福松主编 . -- 北京 ：中国建材工业出版社，2024.5
ISBN 978-7-5160-3998-4

Ⅰ . ①寻… Ⅱ . ①倪… ②邢… ③王… Ⅲ . ①中小学－教育建筑－建筑设计－案例 Ⅳ . ①TU244.2

中国国家版本馆CIP数据核字（2024）第007859号

寻找心中最美的校园：中小学系列建筑项目精选案例
XUANZHAO XINZHONG ZUIMEI DE XIAOYUAN ：ZHONGXIAOXUE XILIE JIANZHU XIANGMU JINGXUAN ANLI
倪欣　邢超　王福松　主编

出版发行：中国建材工业出版社
地　　址：北京市西城区白纸坊东街2号院6号楼
邮　　编：100054
经　　销：全国各地新华书店
印　　刷：北京天恒嘉业印刷有限公司
开　　本：787mm×1092mm　1/12
印　　张：15
字　　数：300千字
版　　次：2024年5月第1版
印　　次：2024年5月第1次
定　　价：128.00元

本社网址：www.jccbs.com，微信公众号：zgjcgycbs
请选用正版图书，采购、销售盗版图书属违法行为
版权专有，盗版必究。本社法律顾问：北京天驰君泰律师事务所，张杰律师
举报信箱：zhangjie@tiantailaw.com　　举报电话：（010）63567684
本书如有印装质量问题，由我社事业发展中心负责调换，联系电话：（010）63567692

编委会

主编

倪 欣　邢 超　王福松

副主编

尹诗雯　杨潇然　蒋 浩　郑 琨　董赢政

参编

牛 彬　王乐乐　刘哲序　屈碧珂　刘文婷　袁琦敏
郑琦愚　刘 源　何 静　王 欣　刘 冬　左聪茹

寻找心中最美的校园

中小学系列建筑项目精选案例

这是一本
中小学建筑项目精选案例的作品集，
记录了华盛建筑设计团队近几年学校项目的创作，
分享了团队对当下校园建设的探寻与思考。

每个人心中都有对美的憧憬和希冀，
都有对美的理解和追求。
美是一种境界，也是一种情怀，
最美的校园在哪里？
最美
永远在你我的心中。

前言

莺歌初起，光华满地。

学校，不仅仅是建筑，更是场所，是一个为孩子们编织梦想的摇篮，一个承载斑斓青春记忆的地方。因此，学校建筑的设计，关乎着孩子们的心理感受与成长。

我国的教育建筑设计，最初只以解决教学功能为出发点，逐渐过渡至关注维特鲁威提出的"坚固、实用、美观"三要素，再到现在更加重视使用者对于空间的心理感受。中国的教育建筑这几十年来经历了循序渐进的成长道路，并伴随着一个建筑建成时各专业团队配合模式的变化过程，慢慢地找到了新的平衡点。同时目前的学校建筑设计也会面临着各种各样的问题：

其一，用地生均指标常常不能达标，有的学校项目指标不达标造成功能缺失严重，甚至连朝向适宜的运动场也无法布置，更不用说校园建设的可持续发展。即使学校宗地指标充分，学校规划的可持续性也是建筑师充分思考的一个问题，因为随着城市的变迁、经济的提升，学校建筑的功能、质量与性能处在一个不断进步的过程中，我们应留有一定的发展余地。

其二，建设者常常以成人心态指导中小学建设，追求建筑宏大气派，行政化、礼仪化的规划模式比比皆是，传统校园的书香氛围却少之又少。中小学校园不同于其他公共空间，尽量避免成人心理才更有利于营造出适合孩子们的空间。这些年我们在中小学的设计中，完全回避了中轴对称、追求仪式感的做法，尽力去寻找适合孩子尺度的校园空间的灵动，尽力营造书香氛围。

其三，创新不足、形式固化也是中小学建设的一个现状。学校的功能虽然是相似的，但校园形象不应拘泥于固定模式。西安高新第九小学在设计之初便面临这样的困扰，这是一个拆迁安置社区的配建学校，我们希望通过造价不高的建造方式塑造一个拥有传统书香氛围的校园，希望用白墙黛瓦的传统方式留住一些曾经的过往与记忆。但西安高新区当时对学校有"红色色彩"的特定要求，庆幸的是我们"非红色"方案最终通过了审批，学校建成后也在2017年被评为"西安最美校园"。在西安沣东新城第一初级中学的设计中我们也面临了同样的困惑，沣东的学校都是红色的，最终我们选择了另一种不同的方式与之对话，用以红色为主的跳动的色彩去回避周围学校在色彩上的固化，也算是平衡的一种方式。

其四，在过去十多年，城镇化建设速度很快，尤其是海量的地产项目催生了大量的环境与品质兼备的优质住区，很多设计团队在住区设计上拥有系统化、标准化的完备手段，创新性的住区也是人们争相学习的样板，但中小学的设计常常因为其体量小甚至收费不足而被严重忽视了。人们对中小学设计的关注度也远不如能带来大量效益的住区楼盘，甚至高大上的楼盘边上的学校仅建造用材便已相形见绌了，学校建造标准不足、造价成本受限也是影响学校整体品质的重要因素之一。我们设计的高新区第二十小学位于高新区软件新城内，设计希望通过对未来感、科技感的营造来契合整体环境氛围，只可惜我们无法全部选用更有科技感的金属板材作为饰面材料，不得不有所取舍地将金属板点缀性地用在主入口造型处，其余立面选择颜色相同的涂料进行造型设计，也算是一种遗憾，建造标准低在某种程度上限制了学校建筑的个性与品质。

然而建筑师依然在努力跨越种种障碍。比之往昔，今日的学校建筑更为多元、丰富，更加个性，经常受到文化、气候或者建筑师对青春畅想的影响，越来越多的学校建筑慢慢成为地标性的、可识别的象征符号。学校建筑也同大量的文化建筑和博览建筑一样，极力通过独特的质地彰显其校园个性，丰富"青春的记忆"。

华盛团队近些年致力于研究"如何使学校建筑具有城市符号同时创造更有层次的空间场所"，并且在实际设计工程项目中付诸于实践。先后在陕西省建成西安高新第九小学、西安高新区第十一小学、西安高新区第二十小学、阎良航天小学、西安沣东新城第一初级中学、高科麓湾小学，以及西安沣西新城、航天新城区域内等多所学校，同时其他几所学校的建筑设计过程与施工进程也在有条不紊地展开。这些建成的建筑在微观上已经成为组成城市空间环境的细胞，宏观上构成了城市的背景。地域的材料限制、环境空间的独特条件和每个使用者不同的价值观等这些客观因素为建筑师的设计提供了创作条件，也提出了挑战。因此本书将围绕华盛团队近几年落成的学校建筑作品从城市空间组成、建筑本体构成以及空间场所感受等不同角度加以分析和分享。也引发一场思考，关乎城市现状对学校建筑形象的影响，以及学校建筑在环境、城市和孩子们的生活中应该扮演怎样的角色等问题。

一个建筑团队在成长、成熟的过程中有很多记忆被留在城市的街巷，学校建筑作为华盛团队较为重要的实践课题之一，每个项目都值得被记录。

此书作为分享与交流的媒介，同时献给我们华盛团队的伙伴们，记录下那些一起感悟设计的生活和充满激情的日日夜夜。

目 录

01　02　03　04　05　06

西安高新第九小学 XI'AN GAOXIN NO.9 PRIMARY SCHOOL	西安航天城第十学校 XI'AN AEROSACE CITY NO.10 SCHOOL	西安高新区第二十小学 XI'AN GAOXIN DISTRICT NO.20 PRIMARY SCHOOL	西安沣东新城第一初级中学 XI'AN FENGDONG NEW CITY NO.1 MIDDLE SCHOOL	西安高新区第十一小学 XI'AN GAOXIN DISTRICT NO.11 PRIMARY SCHOOL	西安航天城第一小学东校区 THE EAST CAMPUS OF XI'AN AEROSACE CITY NO.1 PRIMARY SCHOOL
2	26	52	90	124	144

西安高新第九小学
XI'AN GAOXIN NO.9 PRIMARY SCHOOL

设计单位：中联西北工程设计研究院有限公司
项目地点：西安高新区创汇社区C区
设计时间：2016年
竣工时间：2017年
用地面积：27000 ㎡
建筑面积：36000 ㎡
班级规模：48班

建　筑：倪　欣、王福松、叶蔚清、王　博、龚　瑛
结　构：梁润超、冉　超、桑　超、胡　越
给排水：何志宽、郑建国、席巧玲
暖　通：丁　峰、郑　锐、谢长贵、薄　蓉
电　气：邱敏英、李　欣、毋向辉、刘华伟
摄　影：张晓明

营造传统东方美学下的书香氛围,让建筑留住一些曾经的过往,让建筑留住乡愁。

创汇社区是西安当时最大的安置社区，安置区住宅终究难逃"千宅一面"的命运。对时代变迁的感慨和对失去土地人们的心理揣度，令人一时心绪难平，多有感慨。对于社区内仅有的几个公建设计，面对大量失去土地或异地安置的人们，我们希望保留这片场所的历史记忆，试图尽力留下一些曾经的过往，寻求用传统建筑语境以留住乡愁，回应迁徙的人们对故乡故土的无限思念与眷恋。学校已经不再是过去的学校了，但身处庞大的安置区内我们希望它依稀留有矜持孤傲的气质。项目初期我们制订了自己的小目标，希望学校能摆脱千校一面、校园建筑日趋行政化的现实困扰，找寻渐行渐远的校园特有的书香氛围。

虽然安置学校有严格的造价要求，但我们希望能运用实用、朴素的建筑技术改变拆迁安置项目的粗糙感与廉价感。项目也回避了当下学校建筑追求气势排场的做法，尽量淡化成人需求，强调以孩子为主体的室内外的空间设计，追求空间的趣味性、流动性与书院气息，力求营造出不同尺度和感受的空间院落，追求校园建筑的亲切感与宁静清雅的书香氛围。

学校入口采用了出挑深远的重檐变形屋面，希望在城市主干道一侧能有较高的辨识度，并且有一定的仪式感，半开敞式的入口共享空间成为建筑南北向贯穿主轴共享长廊的起点，双层立体的共享长廊不仅是整组建筑的交通枢纽与集散空间，而且将不同功能的多重院落空间有机串联。而长廊、升旗台、庭院则延续了这种礼仪与秩序，令步入学校便是步入院落空间的开始。学校采用了一体化的设计，深灰色的瓦屋面在空中像一把钥匙，也传达出走进校园即开启未来知识之门的寓意。

项目的造价控制严格，因而我们尽可能选择更质朴、更原生态的材料，希望能用陶砖、灰瓦甚至木构留下一点曾经的记忆。而黑白灰的主色调也是期待营造出宁静致远、清淡高雅的建筑意境，同时也使学校建筑独具韵味，让白墙黛瓦浓郁的文化烙印如影随形。

西安高新第九小学　XI'AN GAOXIN NO.9 PRIMARY SCHOOL

■ 西安高新第九小学（原名西安高新区创汇社区C区小学）为西安最大的农民拆迁安置社区片区内的一所48班小学，占地2.7hm²，总建筑面积36000m²，其中地上建筑面积27708m²，地下建筑面积8292m²。

■ 总平面图

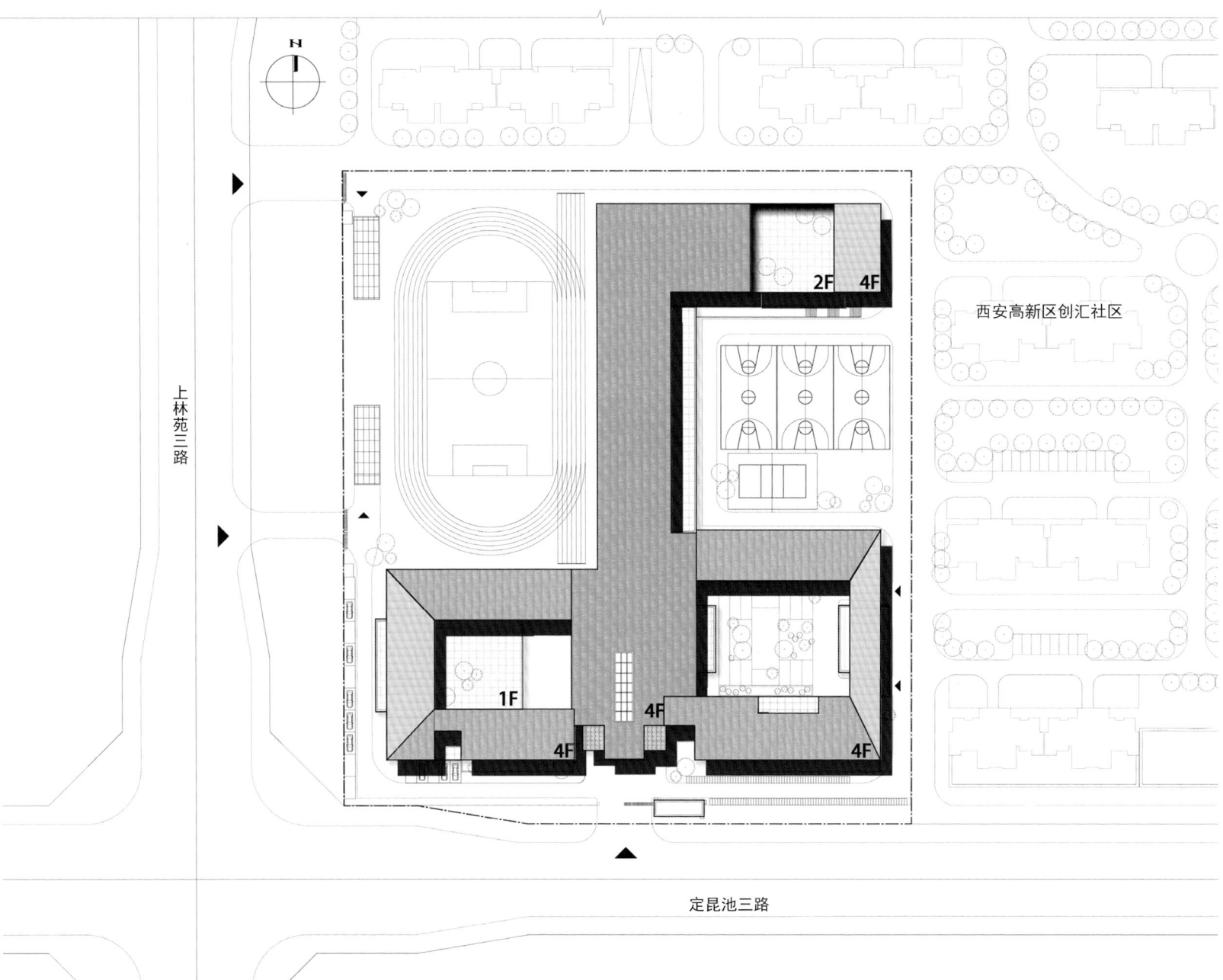

- 西安高新区创汇社区是西安最大的安置社区，建筑规模近300万㎡，学校的设计也面临严格的建造标准控制。面对大量失去土地或异地安置的人们，项目希望保留这片场所的历史记忆，试图尽力留下一些曾经的过往，寻求用传统建筑语境以留住乡愁，回应迁徙的人们对故乡故土的无限思念与眷恋。

- 学校建筑追求独特性。追求一体化设计，非对称的手法在主干道一侧形成了完整的建筑形象，主入口的重檐变形屋面的设计出挑深远，极具辨识度。屋面采用了灰色的陶瓦，力求变化中的灵动感，与淡雅的建筑色调相得益彰。

西安高新第九小学 XI'AN GAOXIN NO.9 PRIMARY SCHOOL

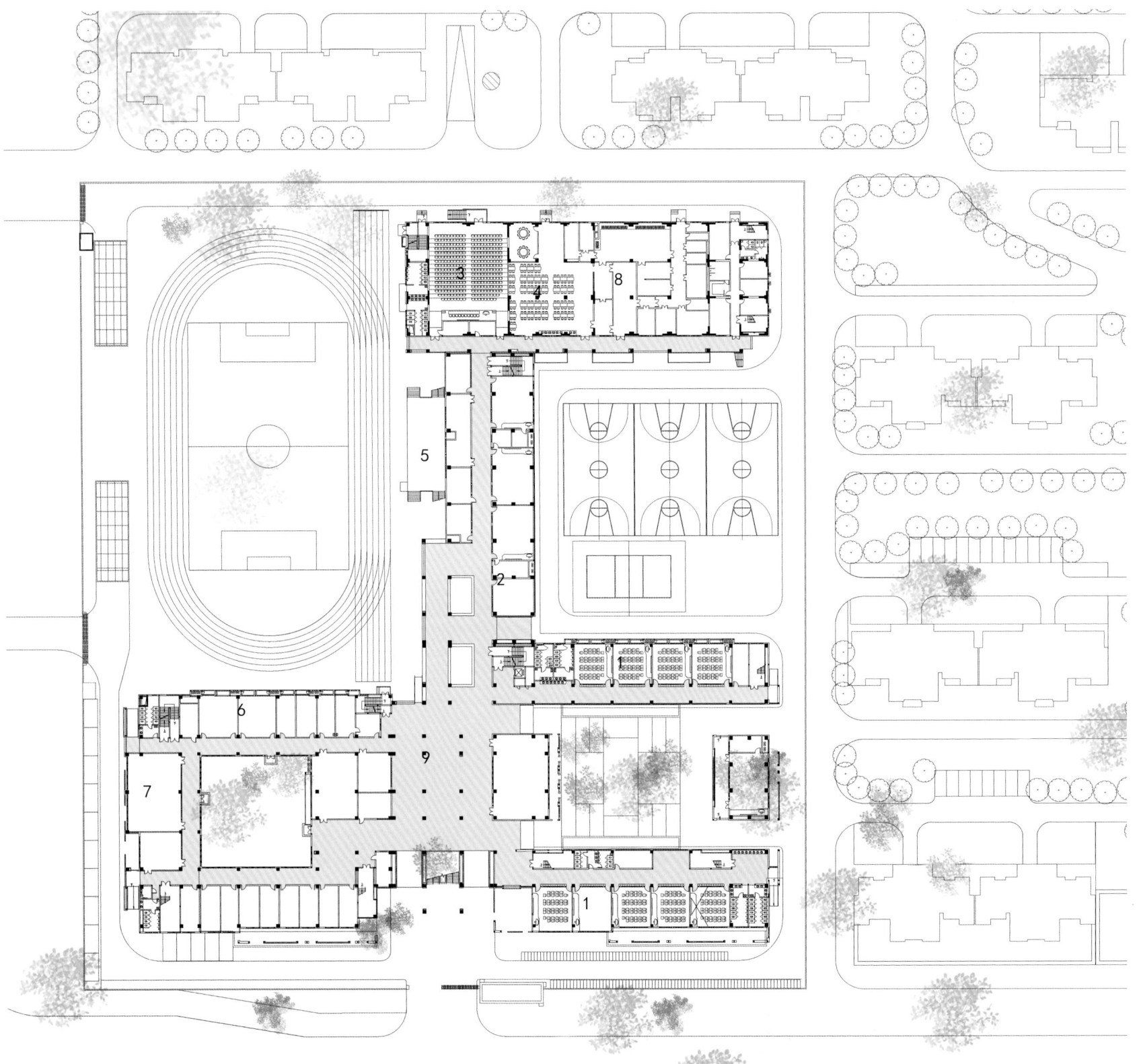

■ 一层平面图

1 普通教室 2 兴趣教室 3 报告厅 4 食堂 5 主席台 6 行政办公 7 会议接待 8 厨房后勤 9 共享长廊

共享连廊的坡屋顶入口

共享连廊的通高中庭

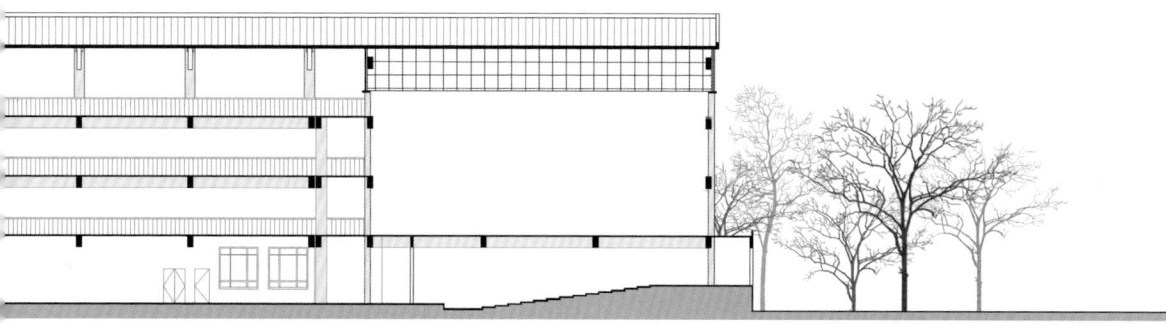

■ 校园空间注重其创新性。半开敞式的入口共享空间成为建筑南北向贯穿主轴共享长廊的起点，双层立体的共享长廊不仅是整组建筑的交通枢纽与集散空间，同时将不同功能的多重院落空间有机串联。

共享连廊的操场看台

共享连廊的教学单元

西安高新第九小学　XI'AN GAOXIN NO.9 PRIMARY SCHOOL

■ 体育场看台风雨顶棚设计（钢结构大悬挑），集中体现了建筑美学与结构美学的高度统一。

西安高新第九小学　XI'AN GAOXIN NO.9 PRIMARY SCHOOL

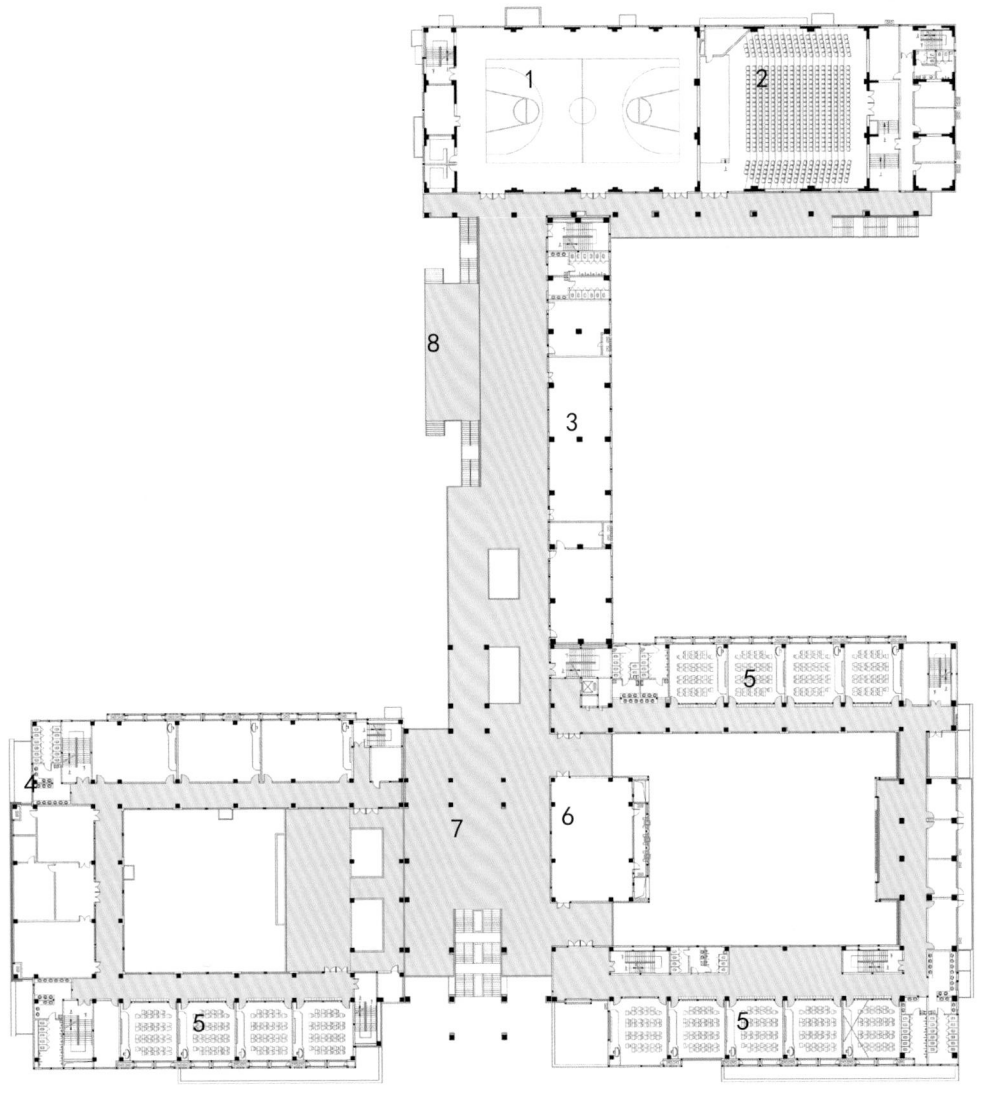

■　二层平面图　　　1 风雨操场　2 多功能厅　3 图书阅览室　4 美术教室　5 普通教室　6 电子阅览室　7 共享长廊　8 主席台

■　从细节落实了学校建筑需要的安全性、实用性。设计时将建筑墙体、柱体所有阳角做了切角处理，地面采用防滑水磨石地面，所有临空护栏高度均大于1.2m，采取防攀爬措施，教室外窗采用外开式，面对走廊的窗户则采取推拉方式，教室的门均采用内凹式开启方式，将发生安全隐患的可能性降到最低。

西安高新第九小学　XI'AN GAOXIN NO.9 PRIMARY SCHOOL

- 项目旨在创造久违的书香氛围。强调以孩子为主体的室内外空间设计，力求营造出不同尺度和感受的空间院落。同时大量采用了陶土砖、陶瓦、木构等原生态材料，竹槐等植物的配置旨在营造东方传统美学下的书香氛围。
- 本土材料的地域化运用，希望保留这片场所的历史记忆，试图留下一些曾经的过往，寻求用传统建筑语境以留住乡愁，回应迁徙的人们对故乡故土的无限思念与眷恋。

- 学校立面

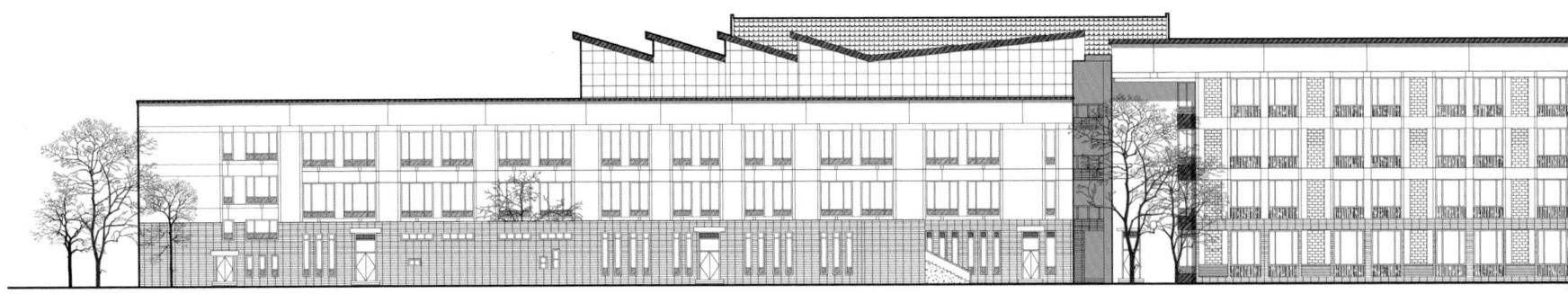

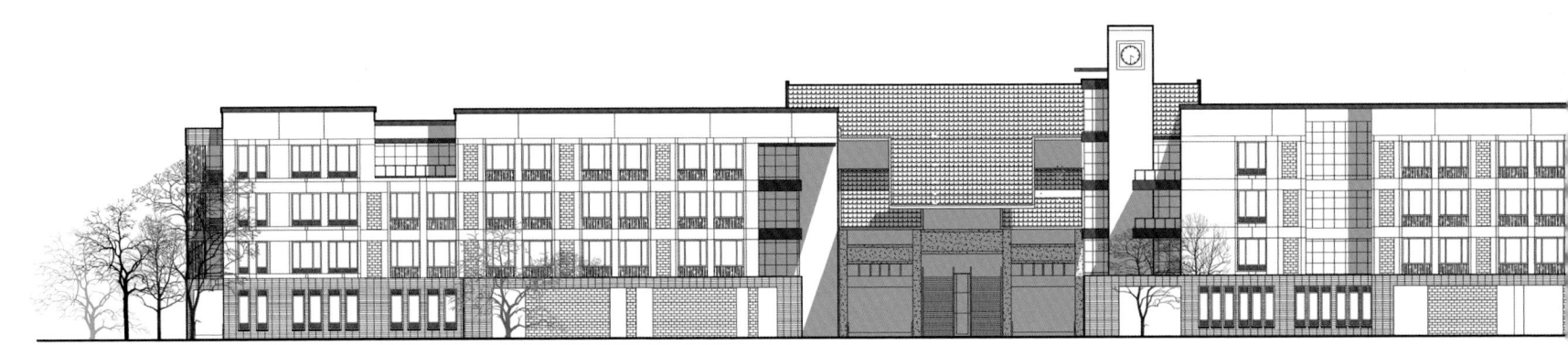

本土化材料运用

本土化材料运用

东方美学的空间庭院

东方美学的空间庭院

西安高新第九小学　XI'AN GAOXIN NO.9 PRIMARY SCHOOL

■　西安高新第九小学在设计上，打破传统校园空间的固有模式，尤其是在造价被严格控制的情况下，利用传统材料与成熟技术手段依然能够营造出具有层次分明、实用便捷的多重院落空间，营造出传统东方美学下的书香氛围，白墙黛瓦，庭院深深，在大型安置社区内设计出极具地域传统文化特质的现代校园建筑。用地集约、高效，校园空间新颖、灵动，学校建筑也呈现出良好的一体性与完整性，似一把开启知识宝库大门的"钥匙"，为西安最大的安置社区增添了独特的色彩。其校园空间的创新性与建筑性能高度融合，文化韵味与地域特征别具一格。

西安航天城第十学校
XI'AN AEROSPACE CITY NO.10 SCHOOL

设计单位：中联西北工程设计研究院有限公司
项目地点：西安航天新城
设计时间：2021 年
竣工时间：2023 年
用地面积：27295 ㎡
建筑面积：51390 ㎡
班级规模：小学 36 班；中学 12 班

建　　筑：倪　欣、邢　超、费威克、何　静
结　　构：梁润超、张　智、赵一斌、董　超
给排水：晁　磊、郭　伟、米晓勇、张雅潇
暖　　通：赵勇兵、周雅慧、丁　峰、余宇峰
电　　气：高博超、强世栋、高　贝、邱敏英
摄　　影：张晓明

黄丝带象征着荣誉、勇气和奉献精神，
我们期待飘扬在航天新城的这组黄丝带能给孩子们带来精神上的期许，
能给孩子们增添勇气、毅力和力量。

西安航天新城是国家级经济技术开发区，是西安建设国际化大都市的城市功能承载区。近年来，航天新城大力推进区域内的民生工程建设，大批的安置社区以及配套公共建筑快速建成，虽然在功能上满足了城市发展的基本需求，但也带来了诸如同质化设计严重，环境缺失等问题。西安航天城第十学校作为安置区域内的一所九年一贯制学校，如何在用地不足的情况下营造一所具有个性、富有记忆的唯美校园就成为了我们一直坚持的设计期许。

为摆脱用地不足的困扰，我们希望通过发展地下、建筑屋面等多维度空间，创造出丰富灵动的立体化校园空间新模式，为学生的兴趣探索、交往互动提供多种可能。

由于用地紧张，项目采用了竖向分割的处理手法来满足九年一贯制学校的功能需求。将小学部设计在一至三层，利用教学楼间的室外庭院及室内共享大厅作为小学生的休憩场所，中学部设计在四至五层，利用三层和四层的屋面作为中学生的休憩场所，从区域划分上避免校园霸凌事件的发生。

航天新城的区域主打色是橙色，我们选用了航天新城的代表色橙色与白色相搭配，以白色为主色调，橙色为跳跃色。我们希望这组飘扬的橙色丝带能彰显校园个性，同时，校园色彩是在橙色基础上的多元绽放。黄丝带象征着荣誉、勇气和奉献精神，我们期待飘扬在航天新城的这组黄丝带能给孩子们带来精神上的期许，能给孩子们增添勇气、毅力和力量。

西安航天城第十学校 XI'AN AEROSPACE CITY NO.10 SCHOOL

■ 总平面图

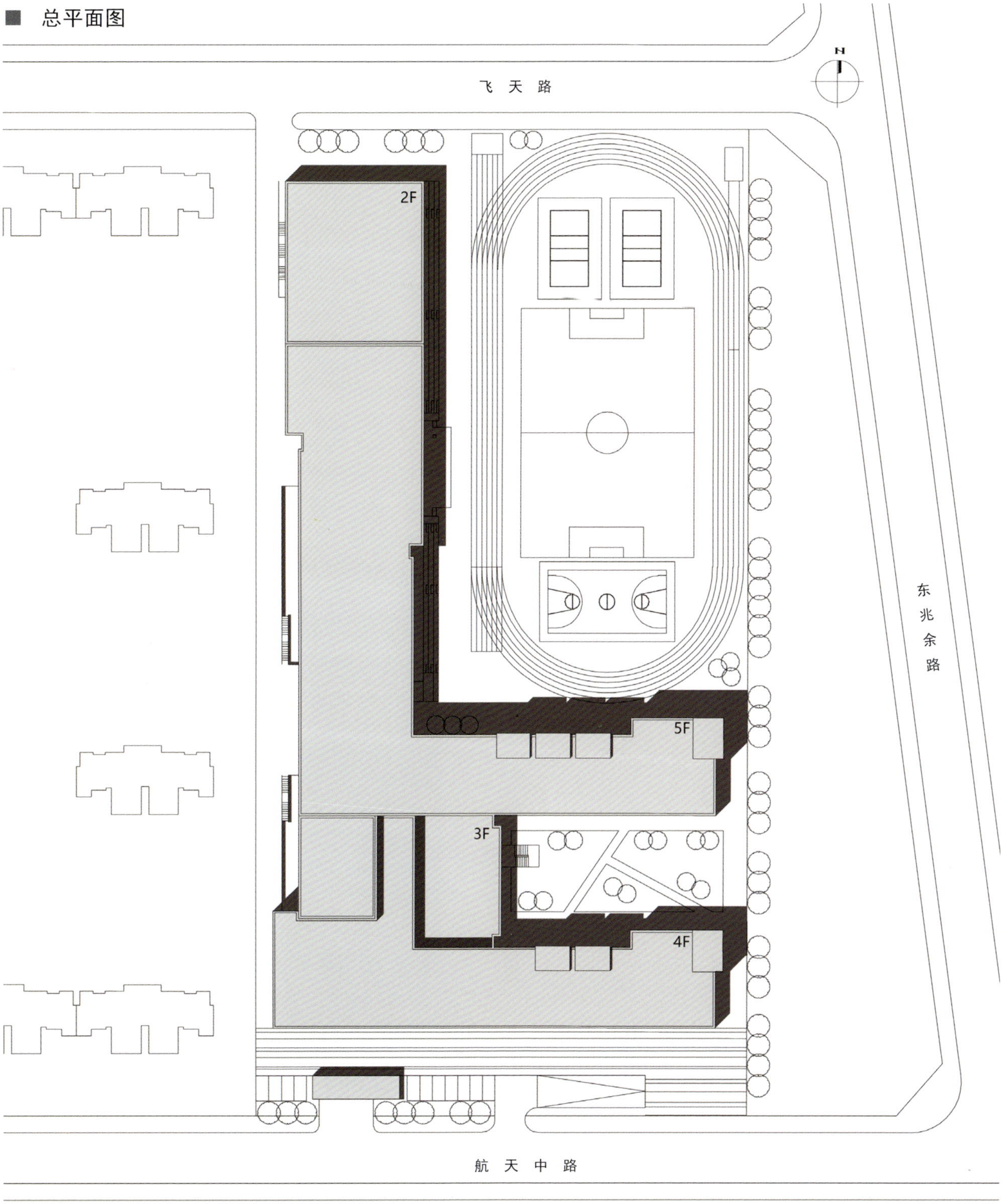

■ 西安航天城第十学校位于航天新城内，航天中路以北，东兆余路以西，规划用地面积27259m²，项目总建筑面积51390m²，新建成的第十学校为九年一贯制学校，包含中学12班和小学36班。

西安航天城第十学校 XI'AN AEROSPACE CITY NO.10 SCHOOL

西安航天城第十学校 XI'AN AEROSPACE CITY NO.10 SCHOOL

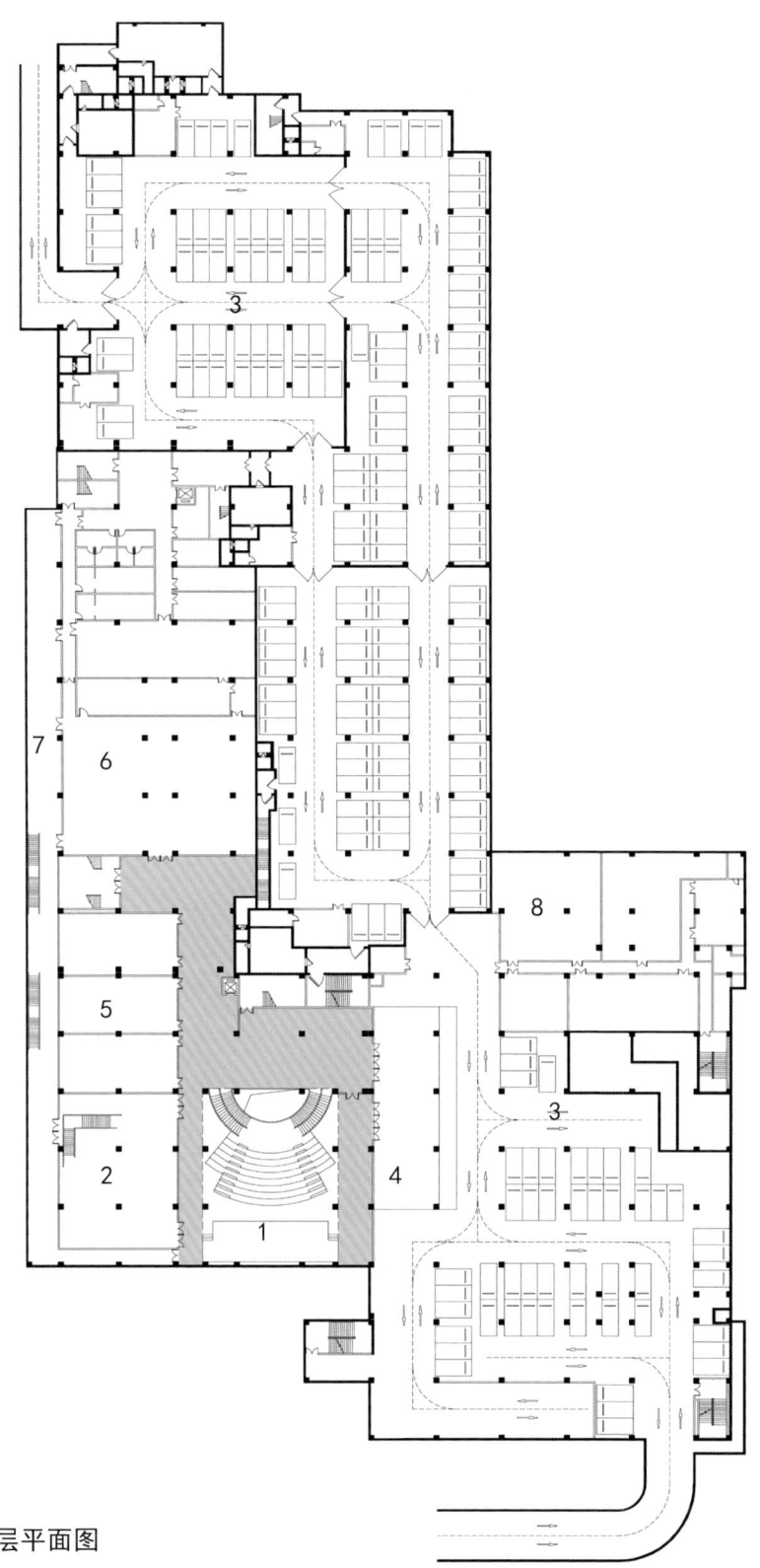

■ 地下层平面图

1 小舞台 2 图书馆 3 车库 4 接送港湾 5 兴趣教室 6 餐厅 7 庭院 8 设备用房

西安航天城第十学校 XI'AN AEROSPACE CITY NO.10 SCHOOL

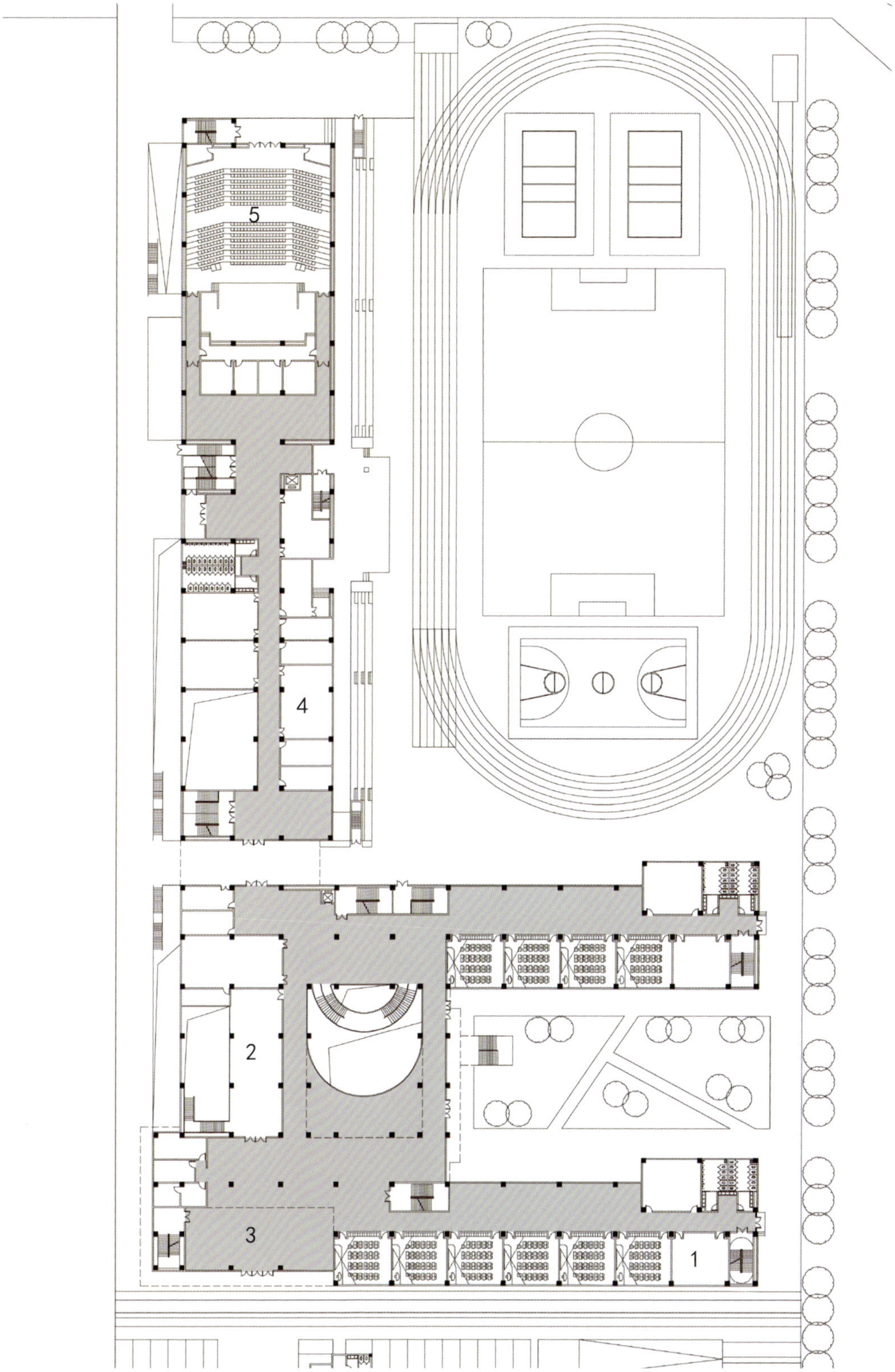

■ 一层平面图　　1 普通教室　2 图书馆　3 门厅　4 兴趣教室　5 报告厅

西安航天城第十学校 XI'AN AEROSPACE CITY NO.10 SCHOOL

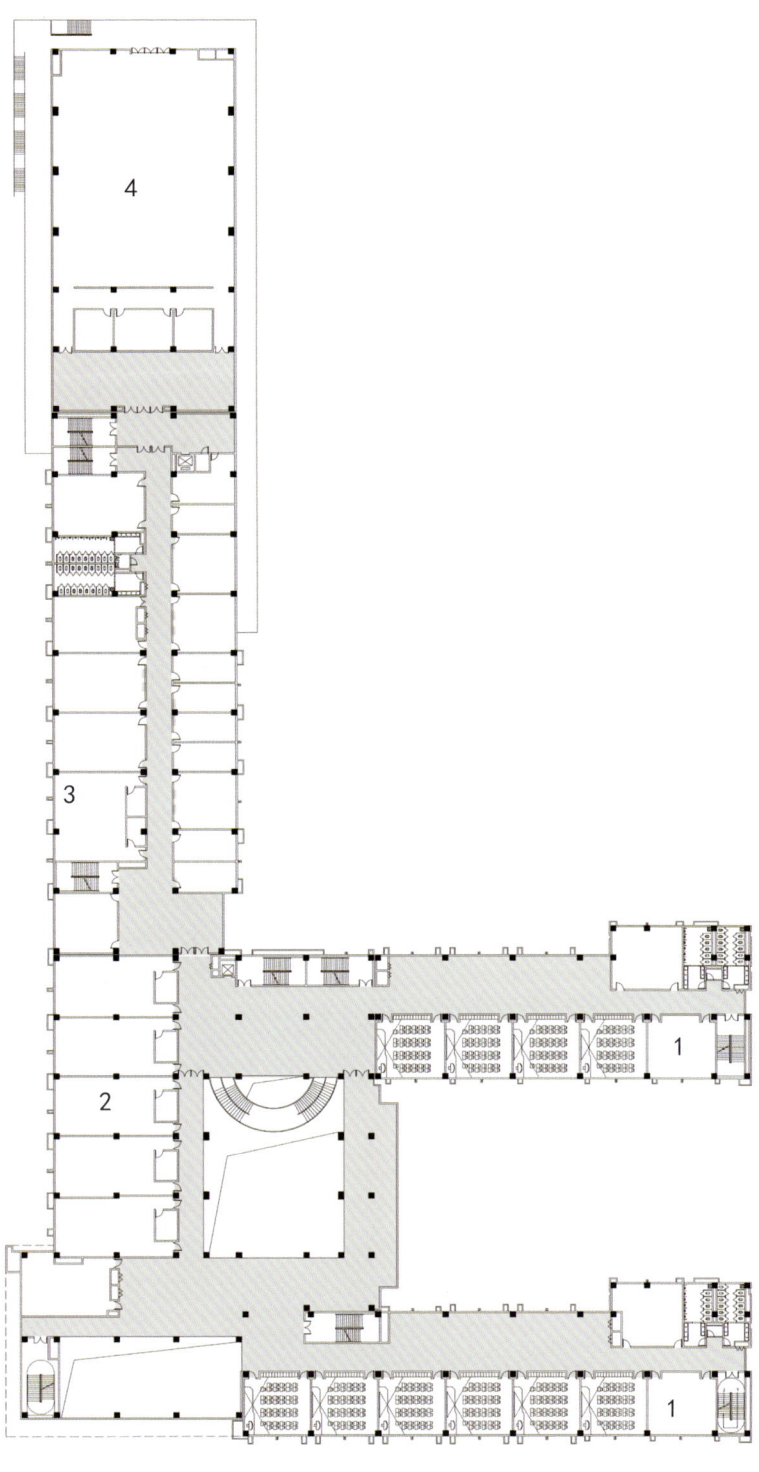

■ 三层平面图　　1 普通教室　2 公共教室　3 行政办公　4 风雨操场

西安航天城第十学校 XI'AN AEROSPACE CITY NO.10 SCHOOL

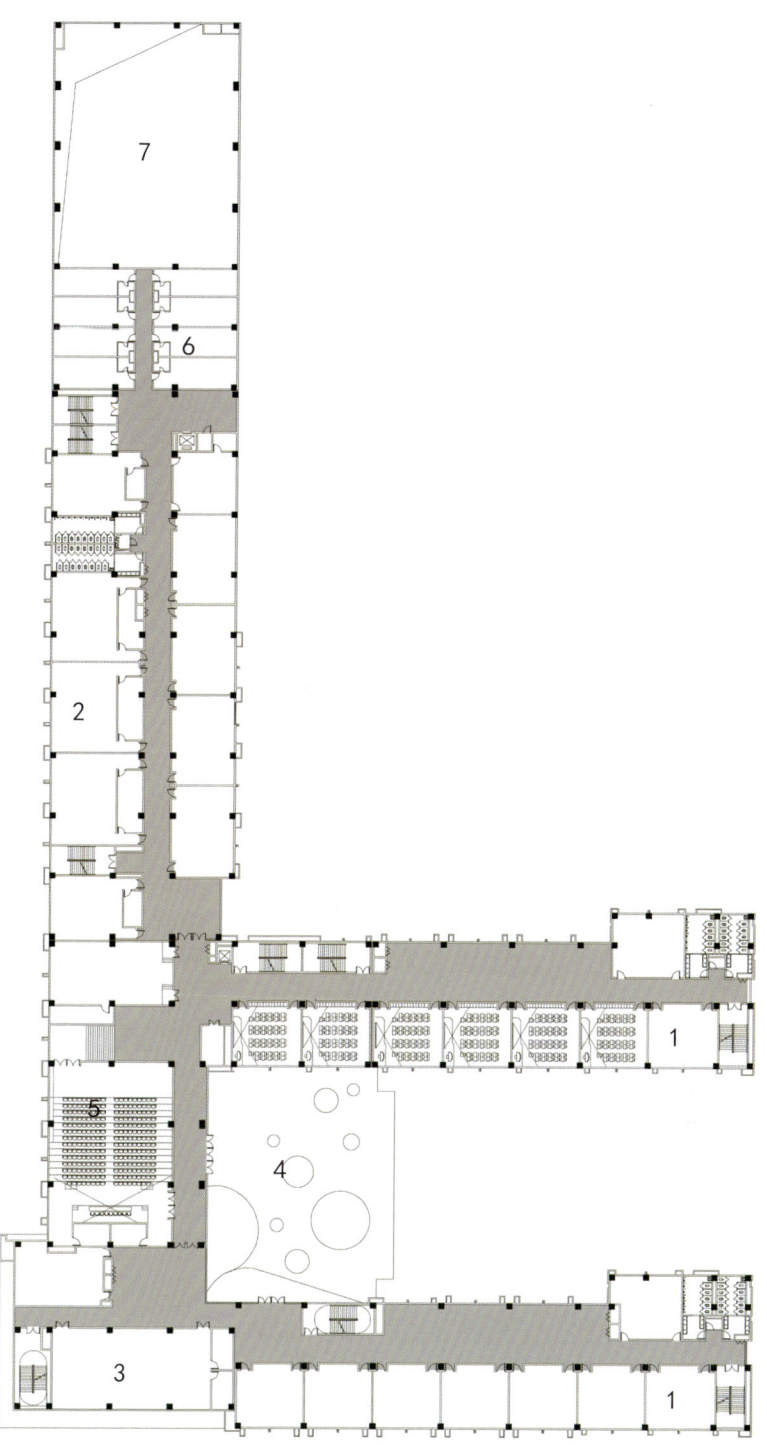

■ 四层平面图

1 普通教室 2 公共教室 3 舞蹈教室 4 屋顶庭院 5 阶梯教室 6 教师休息室 7 风雨操场上空

■ 学校剖面

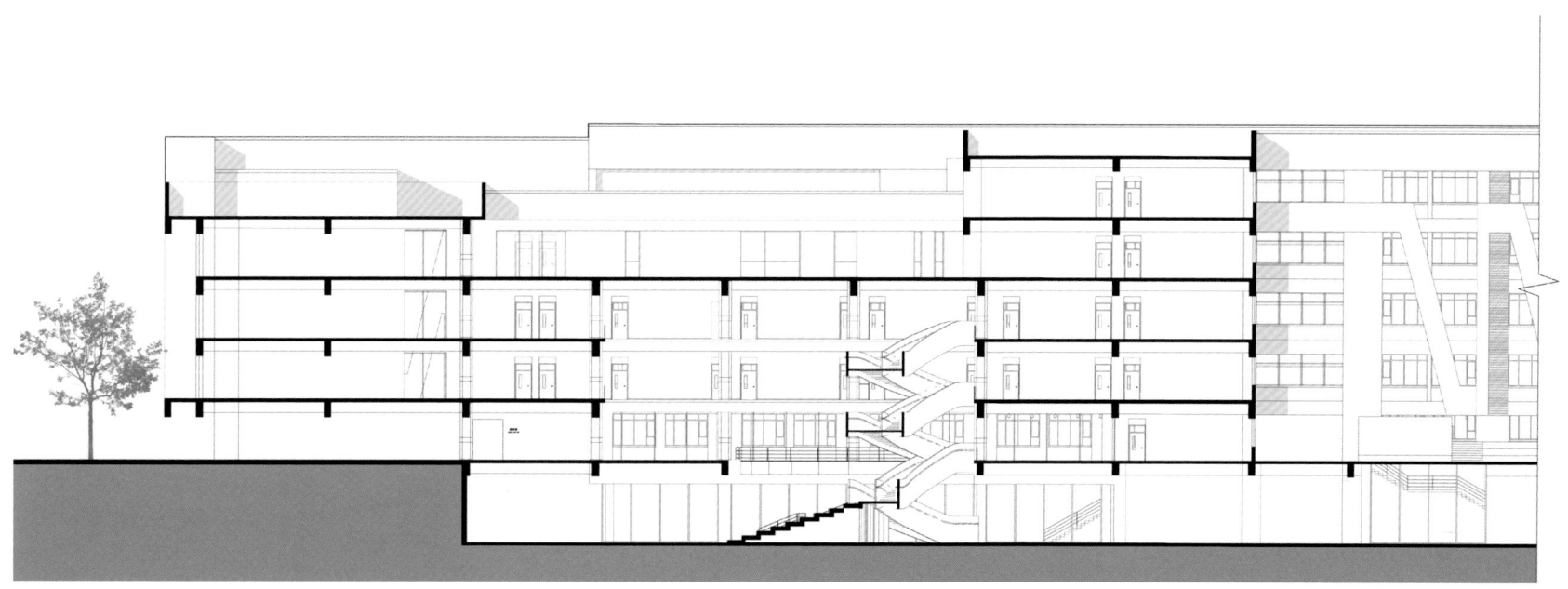

■ 为满足未来教育多元化的需求，克服学校用地不足的不利条件，积极发展地下、屋面等空间，拓展学生活动场地，营造立体校园空间；
■ 项目设计了丰富多彩的室内外空间，并注重发展地下空间和屋面空间，利用多维度庭院、开放式图书馆、共享交流大厅、活动平台等共享空间为学生的兴趣探索、交往互动提供多种可能，创造出丰富灵动的立体式校园空间新模式。

西安航天城第十学校 XI'AN AEROSPACE CITY NO.10 SCHOOL

■ 学校立面

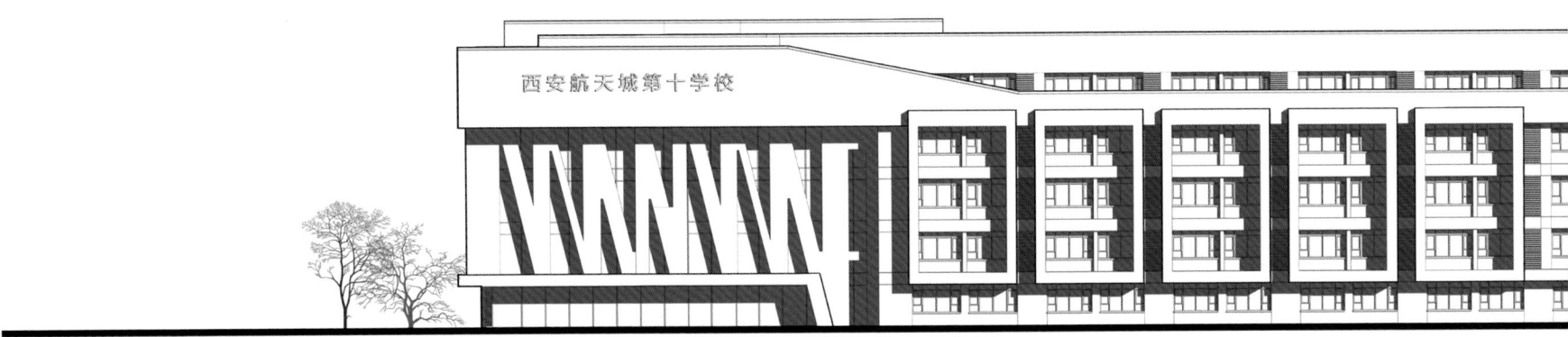

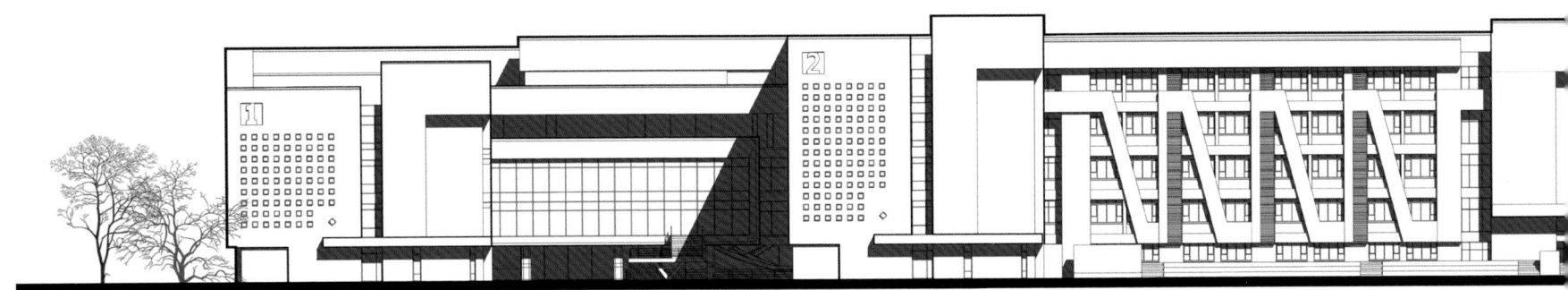

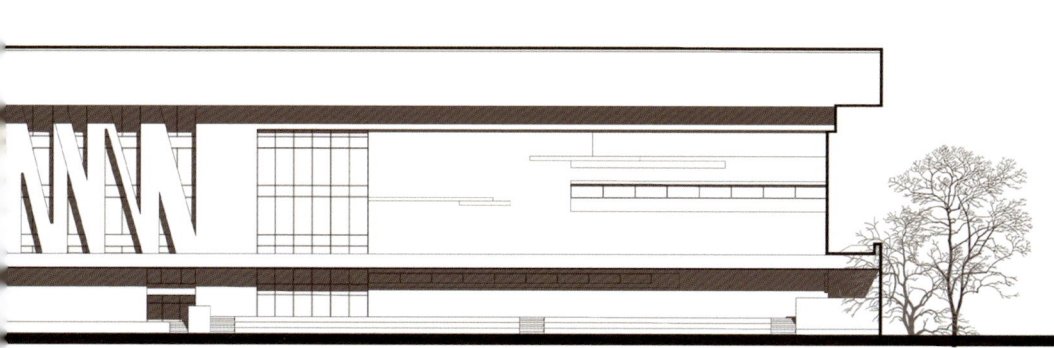

西安航天城第十学校 XI'AN AEROSPACE CITY NO.10 SCHOOL

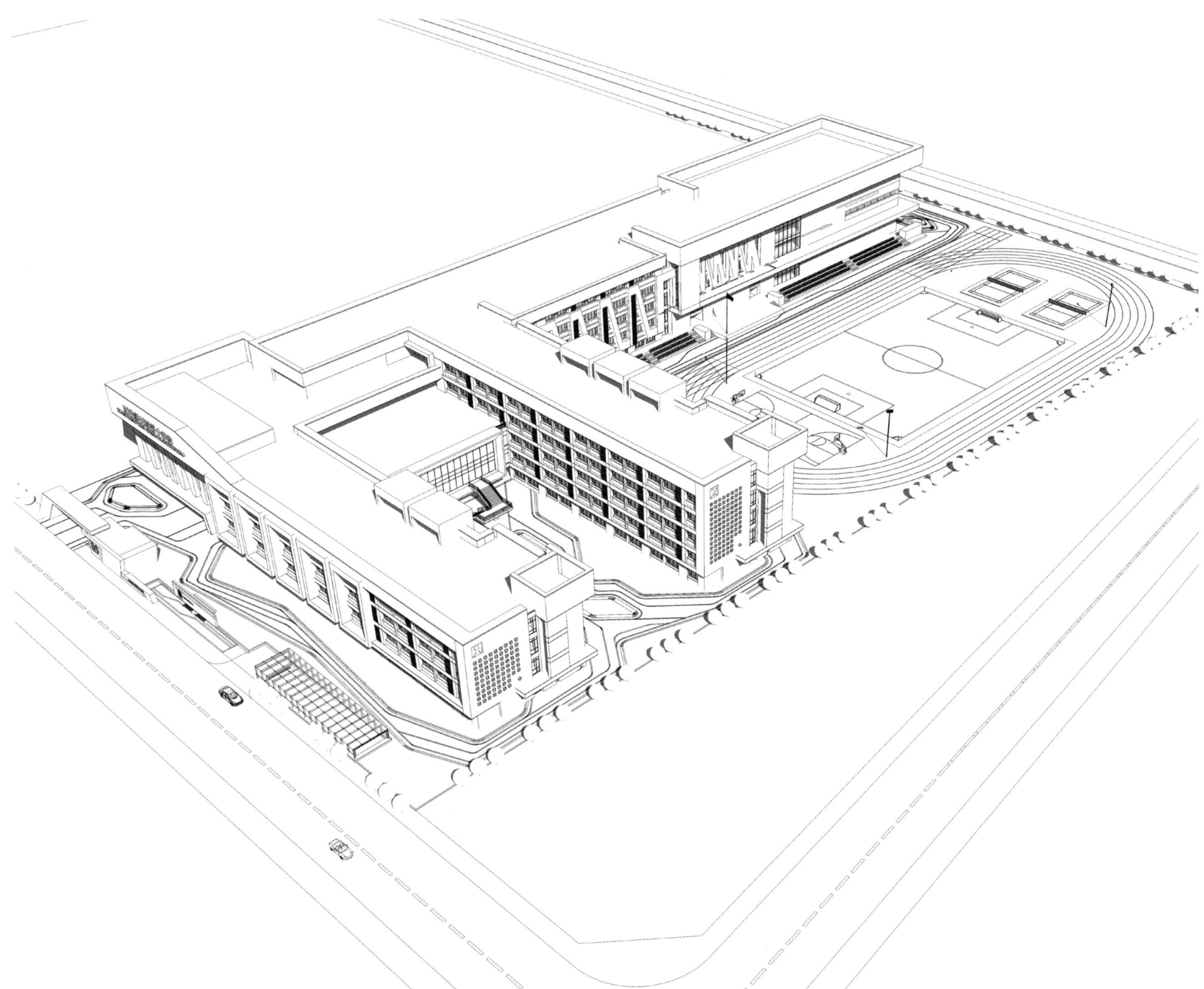

■ 已建成的西安航天城第十学校克服了用地严重不足的困扰，积极追求布局的整体性和集约性，充分发挥地下空间和屋面空间，创造出一个绚烂多彩的校园空间，让每一个孩子都绽放出斑斓的色彩。

西安高新区第二十小学
XI'AN GAOXIN DISTRICT NO.20 PRIMARY SCHOOL

设计单位：中联西北工程设计研究院有限公司
项目地点：西安高新区软件新城
设计时间：2017 年
竣工时间：2018 年
用地面积：31000 m²
建筑面积：42956 m²
班级规模：36 班

建　　筑：倪　欣、邢　超、田　鑫、来永攀
结　　构：梁润超、董　超、郭　峰、王　丹
给排水：米晓勇、张　雷、陈　欣、席巧玲
暖　　通：赵勇兵、周雅慧、余宇峰、丁　峰
电　　气：李　欣、高博超、王　强、曹　亮
摄　　影：张晓明

以电路板中充满动感的线条元素为设计母题，
采用科技感与时尚感蓝绿色系作为校园主色调，以橙黄跳色点缀。
装有梦想的蓝色校园是一道独特而个性的风景线，
在金色阳光的映衬下，
穿着白衬衫的少年们在碧海中扬帆起航。

54

西安的软件新城是西安高新区"打造中国科技创新中心、建设世界一流园区"的重点板块，是西安城市建设的重点区域。

项目兴建时周边还是一片空地，但规划中的省图书馆、展览中心、购物中心等大型公建项目均在用地周边，几块居住用地也都先后成了地王。面对学校地处国际化、更具经济活力的软件新城，如何营造一所更现代、更有标识性、记忆感的校园成为这所学校设计初期的思考。

最终我们选择以电路板中充满动感的线条元素为设计母题，大胆地采用蓝绿色系作为校园主色调，强调了建筑的科技感与时尚感，追求时尚的校园气质与周边环境相融合，是期望着校园建筑去同质化的尝试探索。

选择与软件有关联的线路板的流线形态作为主要元素线索是很快就确定下来的，但我们希望在城市的各个角落都能看到不一样的校园形象，尤其希望建筑的流动感还能带来一些戏剧张力，让学校的时尚气质能融入在崭新又充满活力的城市街道上。在几经比较之后我们选择了蓝绿变色系列作为主打色彩，对色彩的选择也是经过了一番挣扎，因为一定有人不太能接受这种非传统的颜色。虽然暖色渐变色彩使用会更安全，但我们毕竟做过不少的暖色系学校，还是期待能有所突破。

最终西安高新区第二十小学（原名软件新城小学）采用了蓝绿色为主渐变色，追求色相相近、渐变多元，期待运用多彩的建筑色彩构筑多彩的校园生活。为保证校园的完整性，我们选择了明度较高的色彩为主色调，追求学校的明快气质，而撞色为跳跃色，协调中又有变化，期待探寻不一样的校园魅力、构筑不一样的童年色彩的同时，学校建筑能够展现出活泼鲜明的个性与时尚现代的特质。

虽然西安高新区第二十小学用地不富余，建造标准也受限，但我们希望它的独特风貌能够成为学校中的唯一。

■ 总平面图

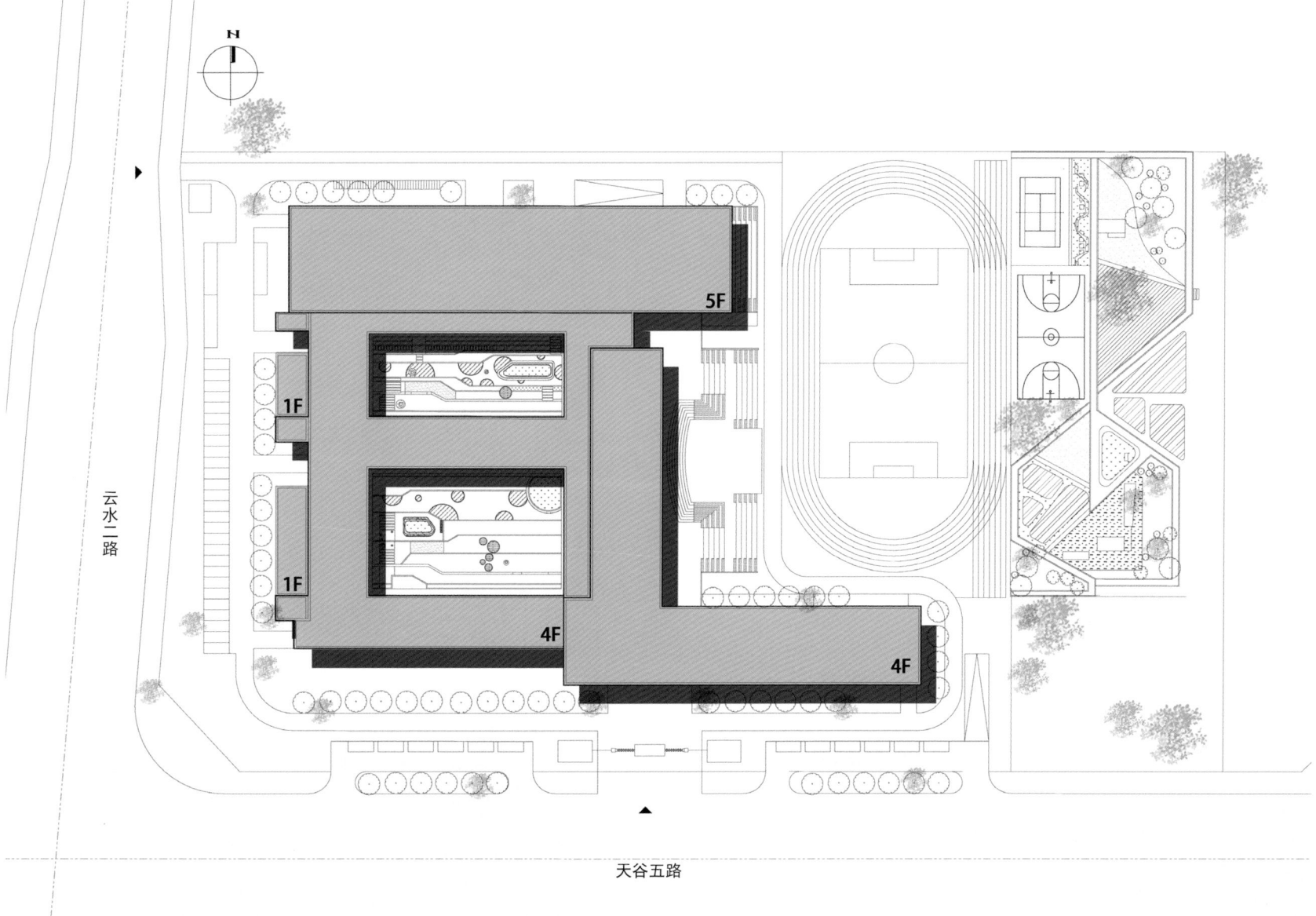

■ 西安高新区第二十小学（原名西安软件新城小学）位于西安市高新区软件新城内，占地净用地46.996亩，总建筑面积近42956m²，其中地上建筑面积29872m²，地下建筑面积13080m²。

西安高新区第二十小学　XI'AN GAOXIN DISTRICT NO.20 PRIMARY SCHOOL

■ 因学校地处国际化、创新性的软件新城内，以电路板中充满动感的线条元素为设计母题，以信息产业线路板的流线作为学校的动感元素，大胆地采用蓝绿色系作为校园主色调，追求独树一帜的建筑形象，强调了建筑的科技感与时尚感，追求校园气质与环境融合，是校园建筑去同质化的尝试探索。在建筑气质上与西安软件新城的城市风貌相契合。

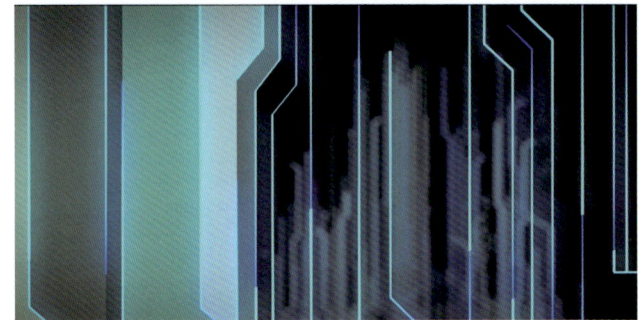

西安高新区第二十小学　XI'AN GAOXIN DISTRICT NO.20 PRIMARY SCHOOL

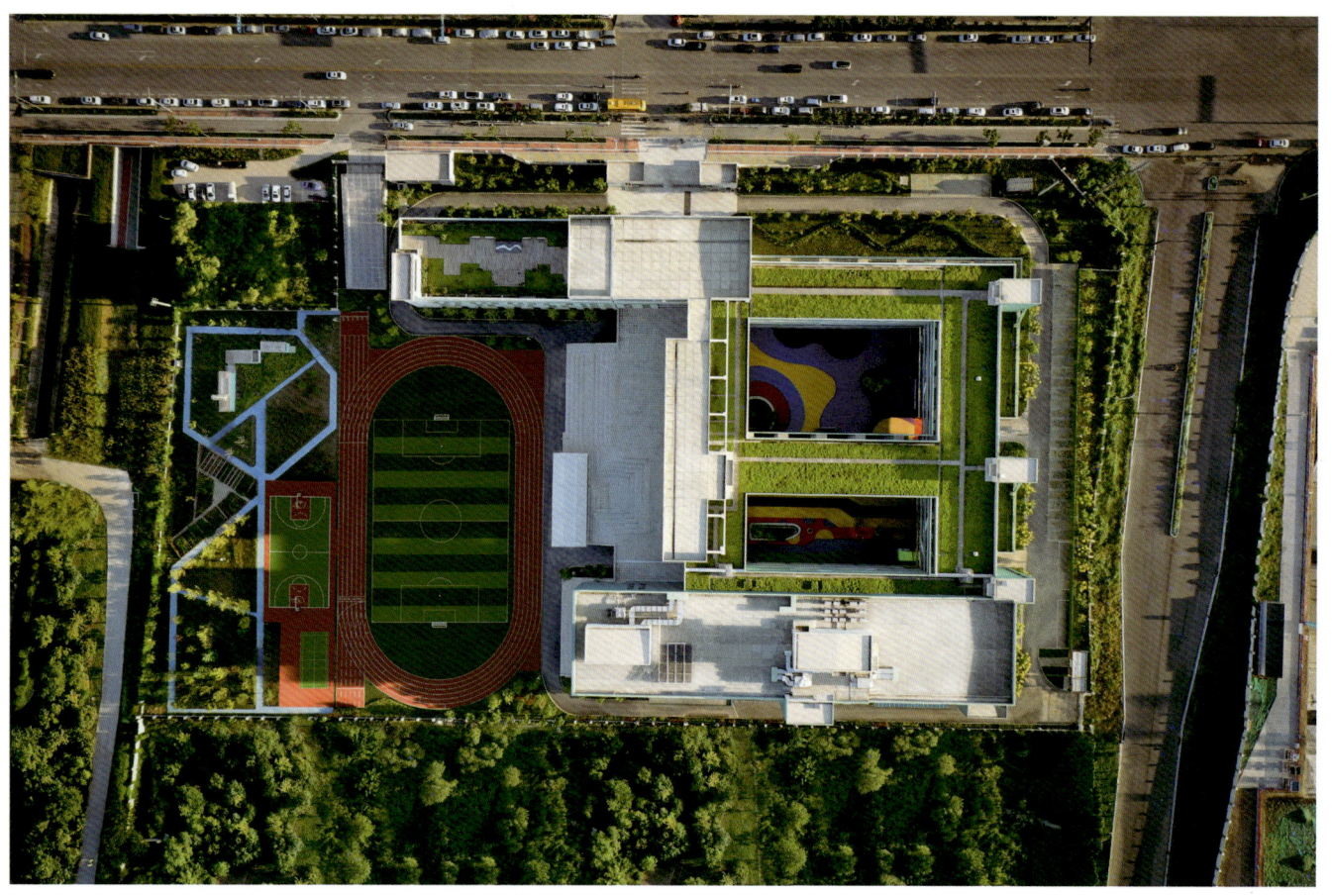

- 追求多元共享的建筑空间体验：力求教学空间的传统院落模式与校园氛围相融合；师生空间相对独立；共享空间相互协调关联；强调多元共享的空间体验。室内室外一体化设计，大量灰空间的场所置入使得建筑统一完整，空间体验更加丰富。

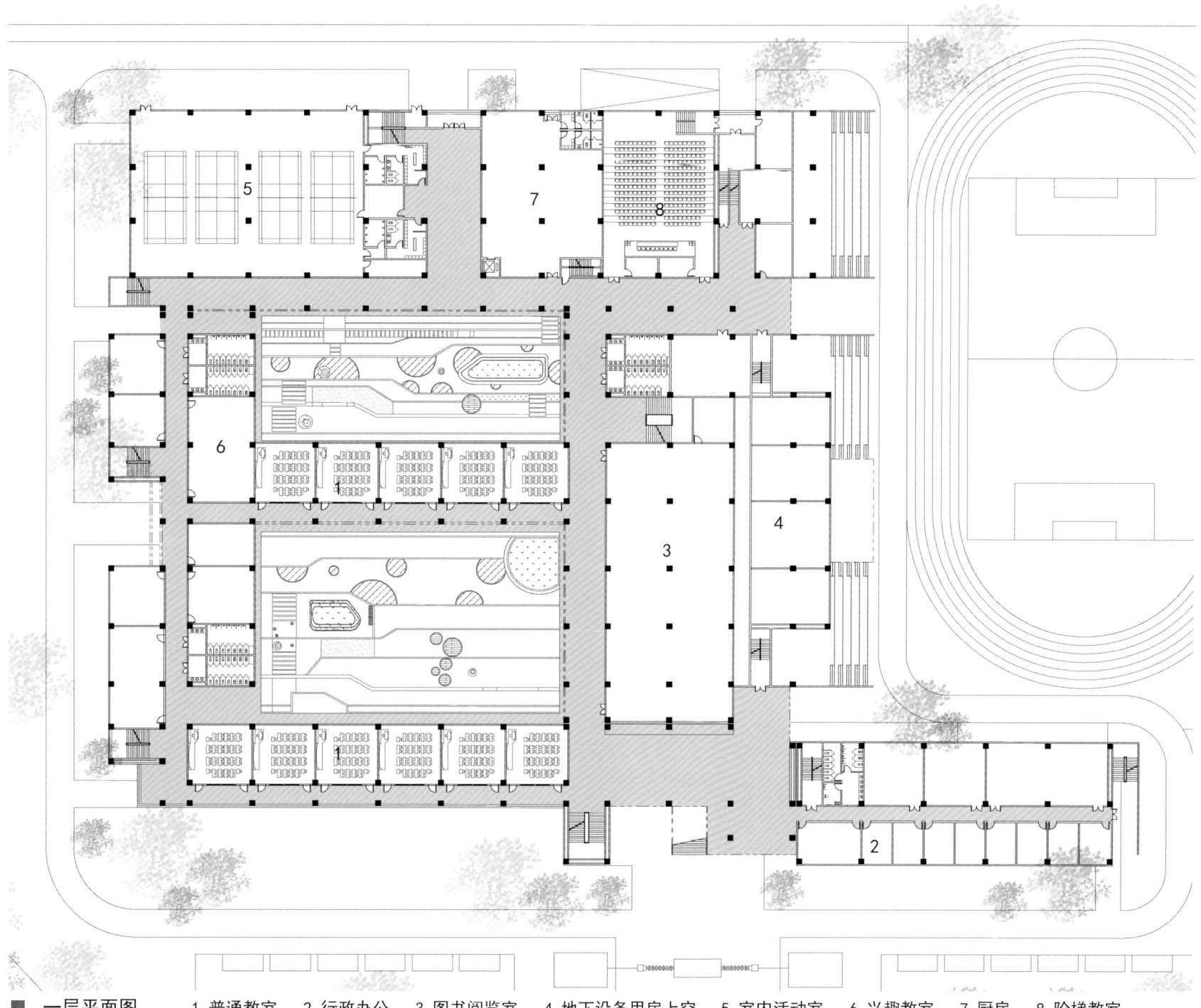

■ 一层平面图　　1 普通教室　2 行政办公　3 图书阅览室　4 地下设备用房上空　5 室内活动室　6 兴趣教室　7 厨房　8 阶梯教室

西安高新区第二十小学　XI'AN GAOXIN DISTRICT NO.20 PRIMARY SCHOOL

■ 追求学校建筑多元化的色彩探索：摒弃原有红色为大基调的西安高新区常见校园色彩，大胆采用蓝绿冷色为建筑主色调，以强化学校的时尚感和独特性。为保证校园的完整性，选择了明度较高的色彩为主色调，追求学校的明快气质，而撞色为跳跃色，协调中又有变化，展现出活泼鲜明的个性与时尚现代的特质。

西安高新区第二十小学　XI'AN GAOXIN DISTRICT NO.20 PRIMARY SCHOOL

冷与暖　COLD AND WARM

明与阴　LIGHT AND DARK

兴奋　EXCITED 　　　沉着　COMPOSURE

西安高新区第二十小学　XI'AN GAOXIN DISTRICT NO.20 PRIMARY SCHOOL

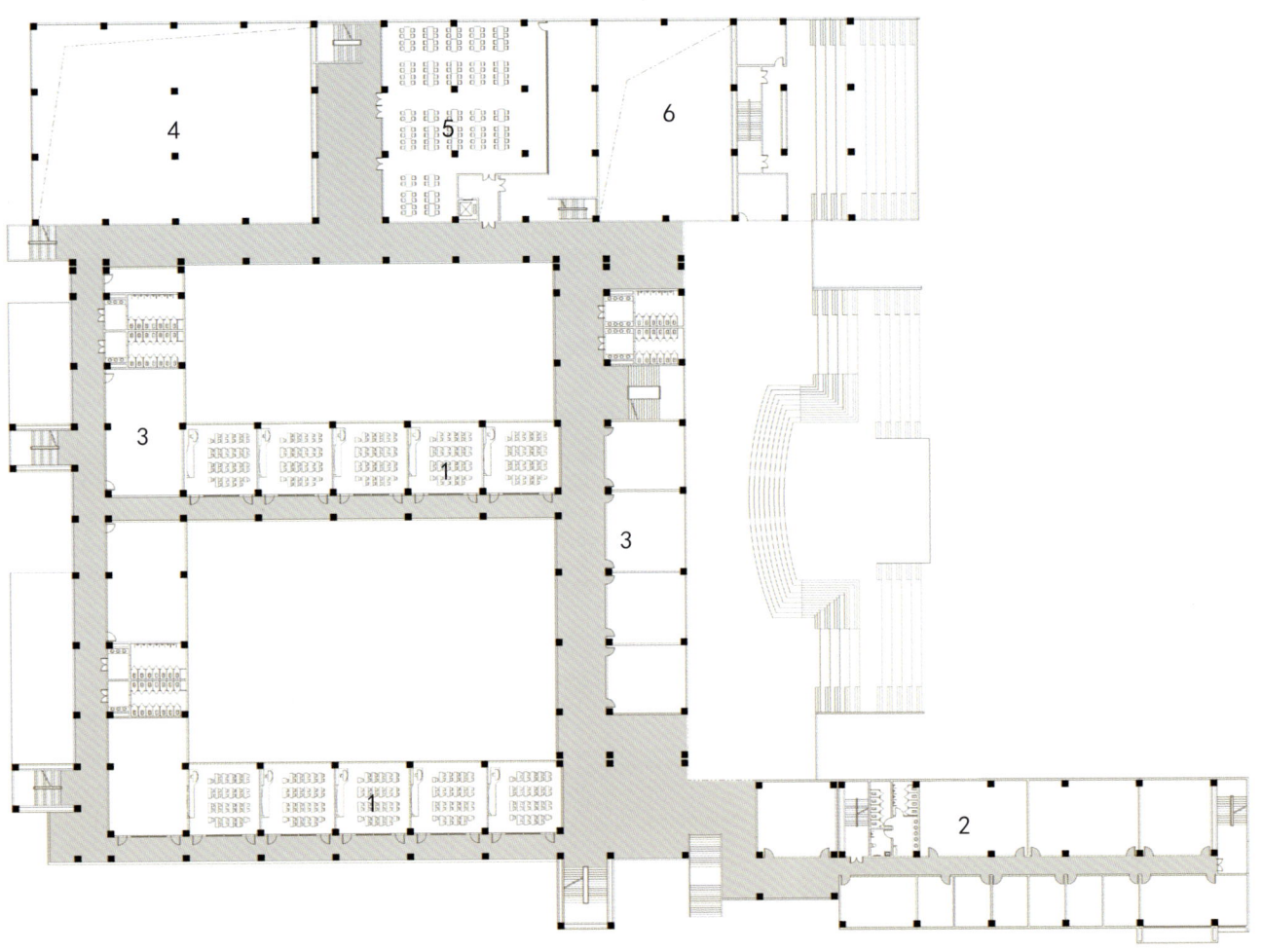

■ 二层平面图　　　1 普通教室　2 行政办公　3 兴趣教室　4 室内活动室上空　5 教室餐厅　6 阶梯教室上空

西安高新区第二十小学　XI'AN GAOXIN DISTRICT NO.20 PRIMARY SCHOOL

■ 追求校园绿色低碳的建筑性能和安全的使用保证：学校追求朴素低碳的建造技术，追求空间的高采光率和无遮挡的通风诉求。外廊均采用封闭设计，满足地域的耐候性。在满足视觉空间体验的同时，建筑在性能化、安全性的设计上也有诸多考量，让孩子们在空间里可以疯狂地奔跑、放肆地嬉笑。

建筑墙裙　BUILDING DADO

室内转角　INTERIOR CORNER

灰空间 GRAY SPACE

植物小品 PLANT SKETCH

西安高新区第二十小学　XI'AN GAOXIN DISTRICT NO.20 PRIMARY SCHOOL

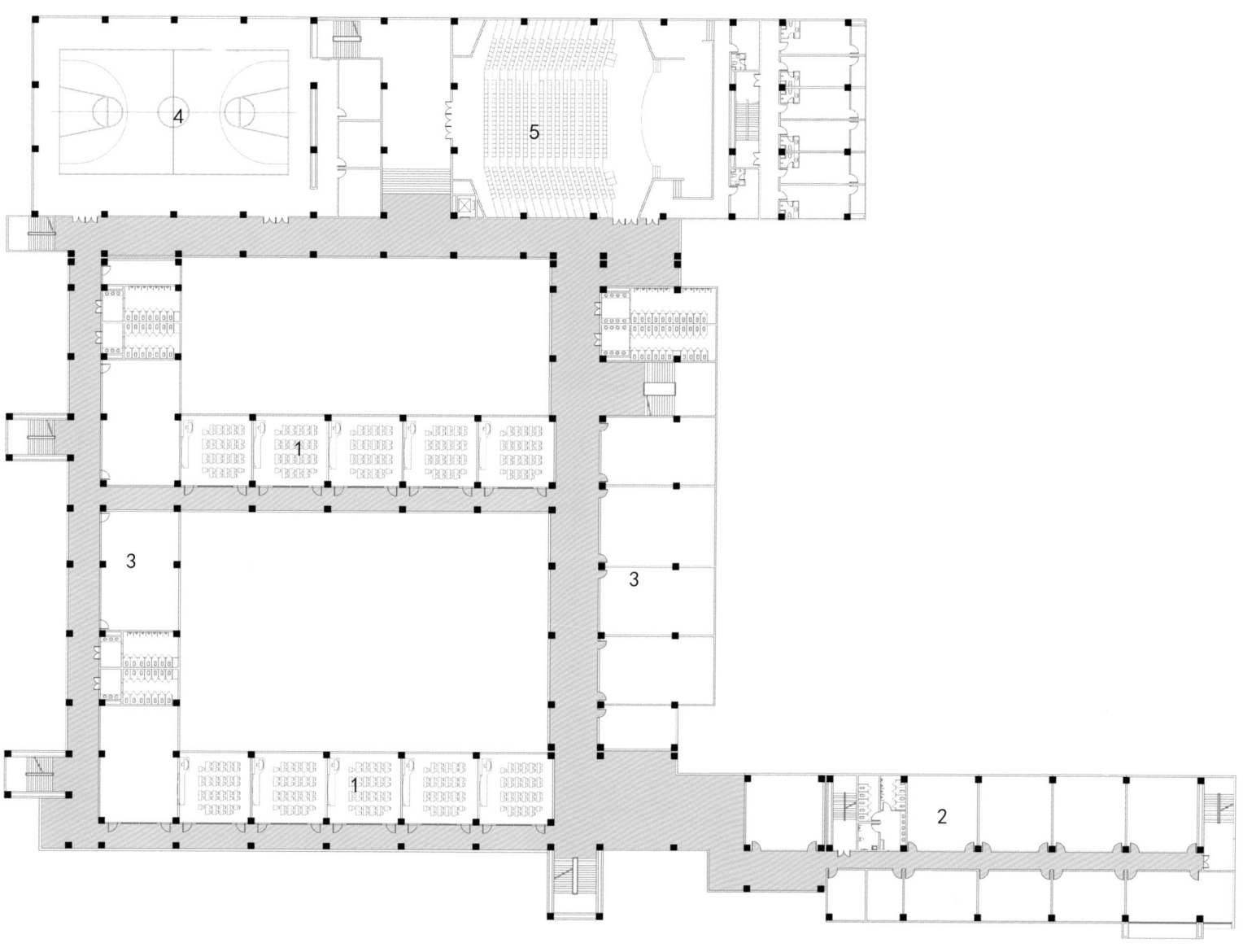

■ 三层平面图　　　　　　　　　　　　1 普通教室　2 行政办公　3 兴趣教室　4 风雨操场　5 报告厅

西安高新区第二十小学　XI'AN GAOXIN DISTRICT NO.20 PRIMARY SCHOOL

■ 学校剖面

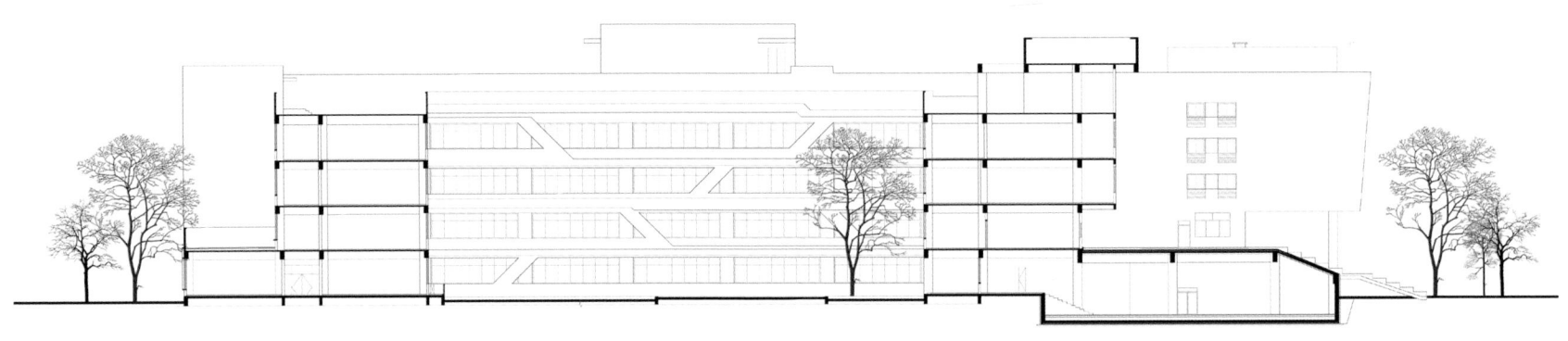

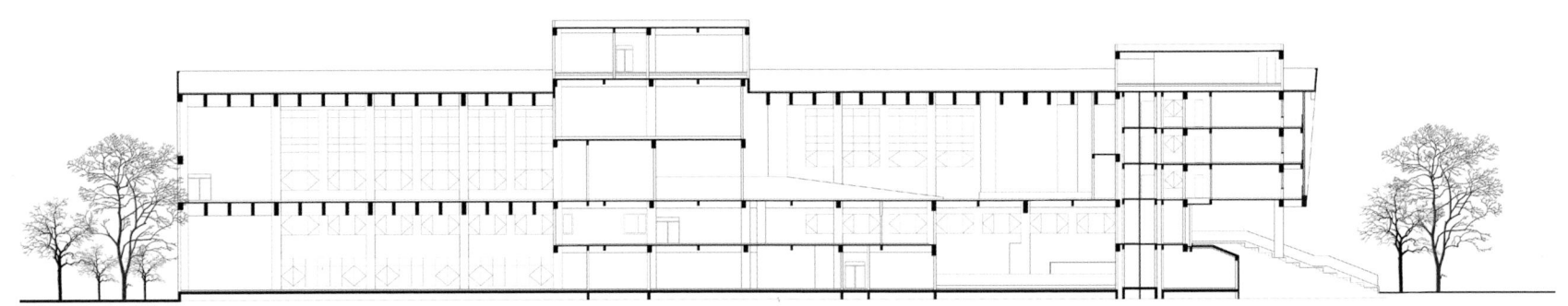

■ 图书阅览室精细化设计

西安高新区第二十小学　XI'AN GAOXIN DISTRICT NO.20 PRIMARY SCHOOL

西安高新区第二十小学　XI'AN GAOXIN DISTRICT NO.20 PRIMARY SCHOOL

■ 学校立面

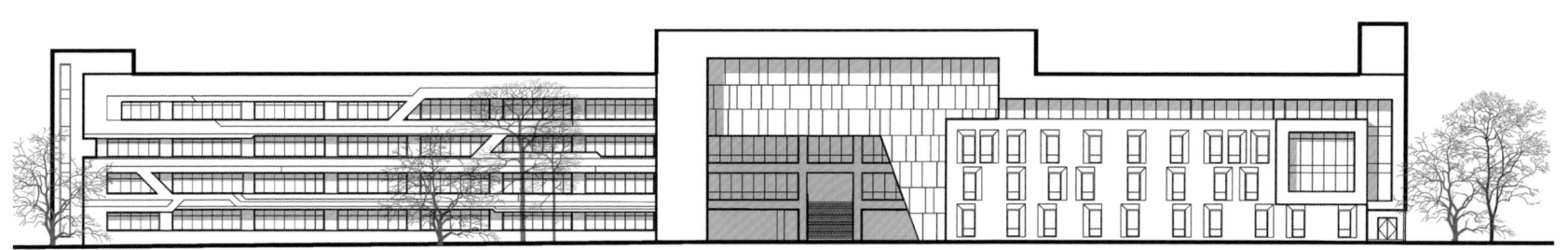

西安高新区第二十小学　XI'AN GAOXIN DISTRICT NO.20 PRIMARY SCHOOL

西安高新区第二十小学 XI'AN GAOXIN DISTRICT NO.20 PRIMARY SCHOOL

■ 建成后的西安高新区第二十小学地理位置独特，没有采用常规的学校色彩风格，整体形象具有时尚前沿性，尤其是蓝绿色的变色处理使学校充满了活力，也是校园建筑追求个性、去同质化的可贵尝试。项目通过整体和连续性的规划布局、时尚动感的造型设计、色彩搭配的大胆探索、多元共享的空间塑造，给孩子们提供了遍布绚烂色彩的校园空间，充满憧憬向往的花季时光。

西安沣东新城第一初级中学
XI'AN FENGDONG NEW CITY NO.1 MIDDLE SCHOOL

设计单位：中联西北工程设计研究院有限公司
项目地点：西安高新区沣东新城
设计时间：2018 年
竣工时间：2020 年
用地面积：31800 ㎡
建筑面积：45131 ㎡
班级规模：24 班

建　　筑：倪　欣、杨潇然、费威克、罗佳乐
结　　构：冉　超、桑　超、解肖智、郭　婧
给排水：米晓勇、张雅潇、张　雷、陈　欣
暖　　通：聂　斌、赵勇兵、余宇峰
电　　气：李　欣、曹　亮、王　强、邱敏英
摄　　影：张晓明

把单一的"红色"用建筑师的棱镜折射成青春长河里各式各样的梦想，夏夜轻舞的流萤，击破长空的飞鹰，与大树对话，和高山畅谈。

西咸新区沣东新城是建设"西安国际化大都市的主城功能新区和生态田园新城"重点板块，区域统筹科技资源示范基地，以高新技术和会展业务为主，且位于西安总体规划的三条主轴之一的"科技创新轴"上。沣东新城第一初级中学用地位于沣东新城核心区，如何打造一座个性气质与区域相匹配的学校成为最重要的设计诉求。

沣东区域中、小学建筑主色规定为红色，极大限制了学校设计的多样性，该片区已建成的学校设计形象单一且雷同，同质化比较严重。针对项目所处的地域性特点，设计之初团队努力寻求如何摆脱色彩束缚，创造出红色基因下个性鲜明的校园形象。

设计秉承红色系学校色彩的多样统一，强调整体的一致性和局部的变化，塑造灵动、浪漫的校园气质。通过色彩解析、重构的手法，在学校立面设计中以"学院红"的渐变色为主、反差色为辅的方式，引入"构成主义"的美学经典，追求学校建筑红色基因下的个性与时尚，追求校园建筑的标识性；始终以孩子的思维行为模式为出发点，摆脱成人心态，营造适合孩子成长的校园环境和氛围，使校园建筑能够更适宜中小学生的身心健康成长；追求一体化的设计规划手段，追求空间的相互独立与融合，寻求满足学校建筑多样性、共享性、安全性的空间需求和高效、便捷的空间模式，力求塑造灵动活力、动静结合、具有记忆的校园环境。

目前学校设计的制约条件很多，西安沣东新城第一初级中学设计之初便面临这样的困扰。限制往往也是激发创新的有效动力之一，正是因为种种条件的"限制"，才会激发出我们在现有框架下的创新思维。沣东新城第一初级中学正是通过统一红色元素下色彩统一但又存有变异的激情碰撞，塑造出一所沉静优雅、推陈出新的时尚校园。

西安沣东新城第一初级中学 XI'AN FENGDONG NEW CITY NO.1 MIDDLE SCHOOL

■ 沣东新城第一初级中学位于西安市西咸新区沣东新城，是该片区核心区域的一所24班配建中学，项目规划总用地面积约47.7亩，建筑规模共计45000㎡，其中地上建筑面积27600㎡，地下建筑面积17400㎡。

■ 总平面图

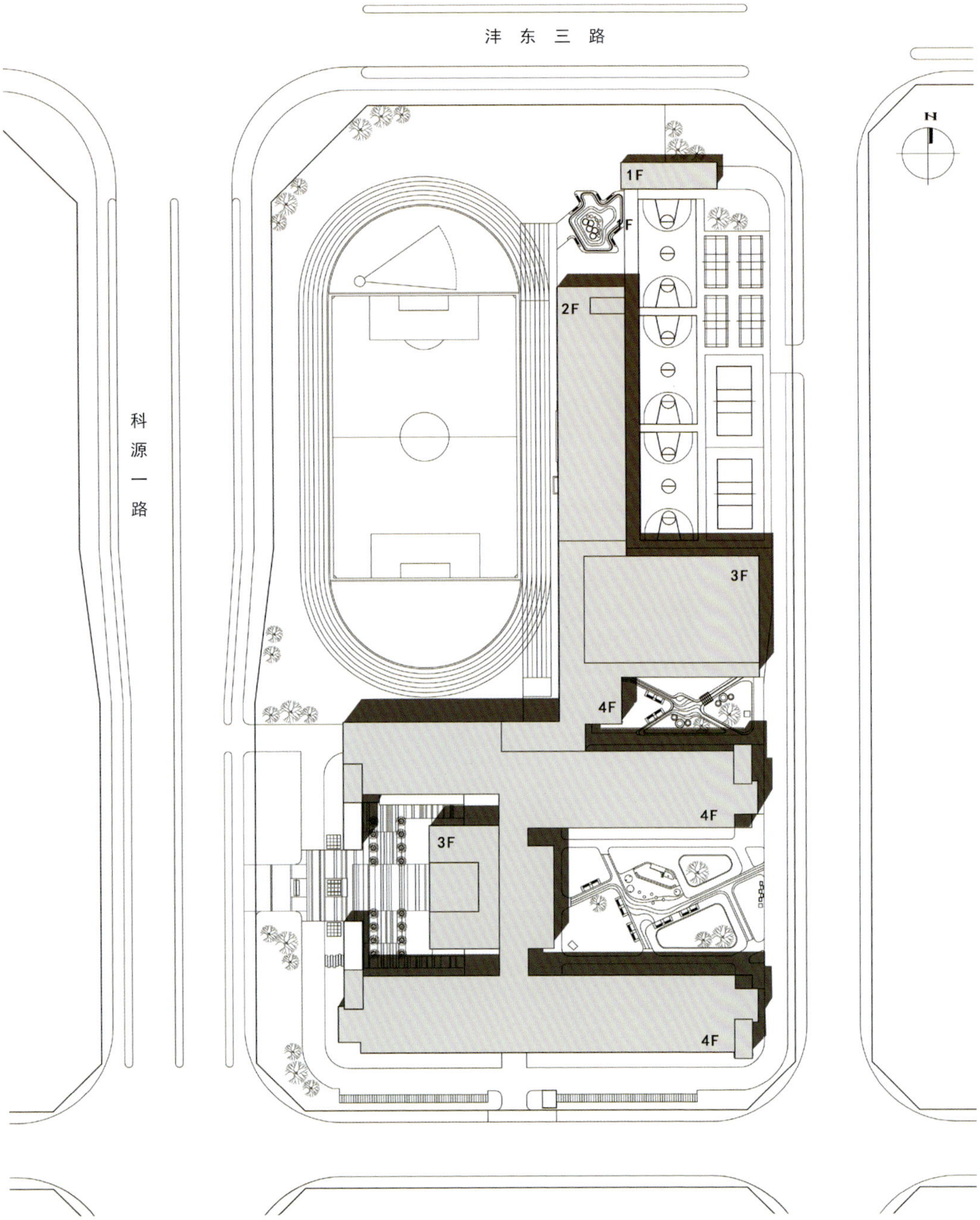

西安沣东新城第一初级中学　XI'AN FENGDONG NEW CITY NO.1 MIDDLE SCHOOL

■ 沣东区域中小学建筑主色规定为红色，极大限制了学校设计的多样性，该片区已建成的学校设计形象单一且雷同，同质化比较严重。针对项目所处的地域性特点，设计之初团队努力寻求如何摆脱色彩束缚，创造出红色基因下个性鲜明的校园形象。

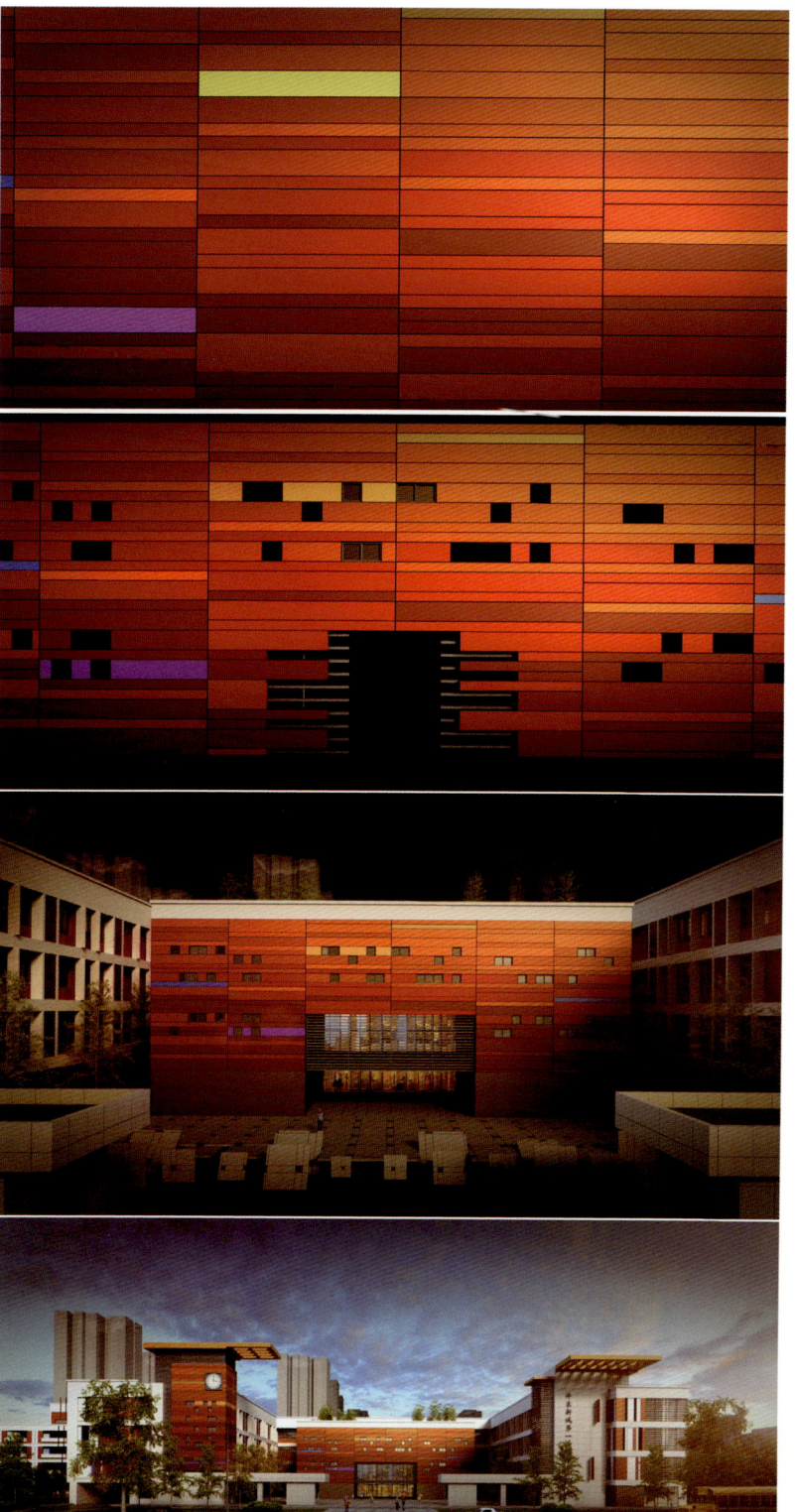

■ 设计秉承红色系学校色彩的多样统一，强调整体的一致性和局部的变化。通过色彩解析、重构的手法，在学校立面设计中以"学院红"的渐变色为主、反差色为辅的方式，引入"构成主义"的美学经典，追求学校建筑红色基因下的个性与时尚，追求校园建筑的标识性。力求营造出不拘一格的唯美校园。

西安沣东新城第一初级中学　XI'AN FENGDONG NEW CITY NO.1 MIDDLE SCHOOL

■ 学校始终以孩子的思维行为模式为出发点，摆脱成人心态，营造适合孩子成长的校园环境和氛围，使校园建筑能够更适宜中小学生的身心健康成长；追求一体化的设计规划手段，追求空间的相互独立与融合，寻求满足学校建筑多样性、共享性、安全性的空间需求和高效、便捷的空间模式，力求塑造灵动活力、动静结合、具有记忆的校园环境。

■ 轴测图

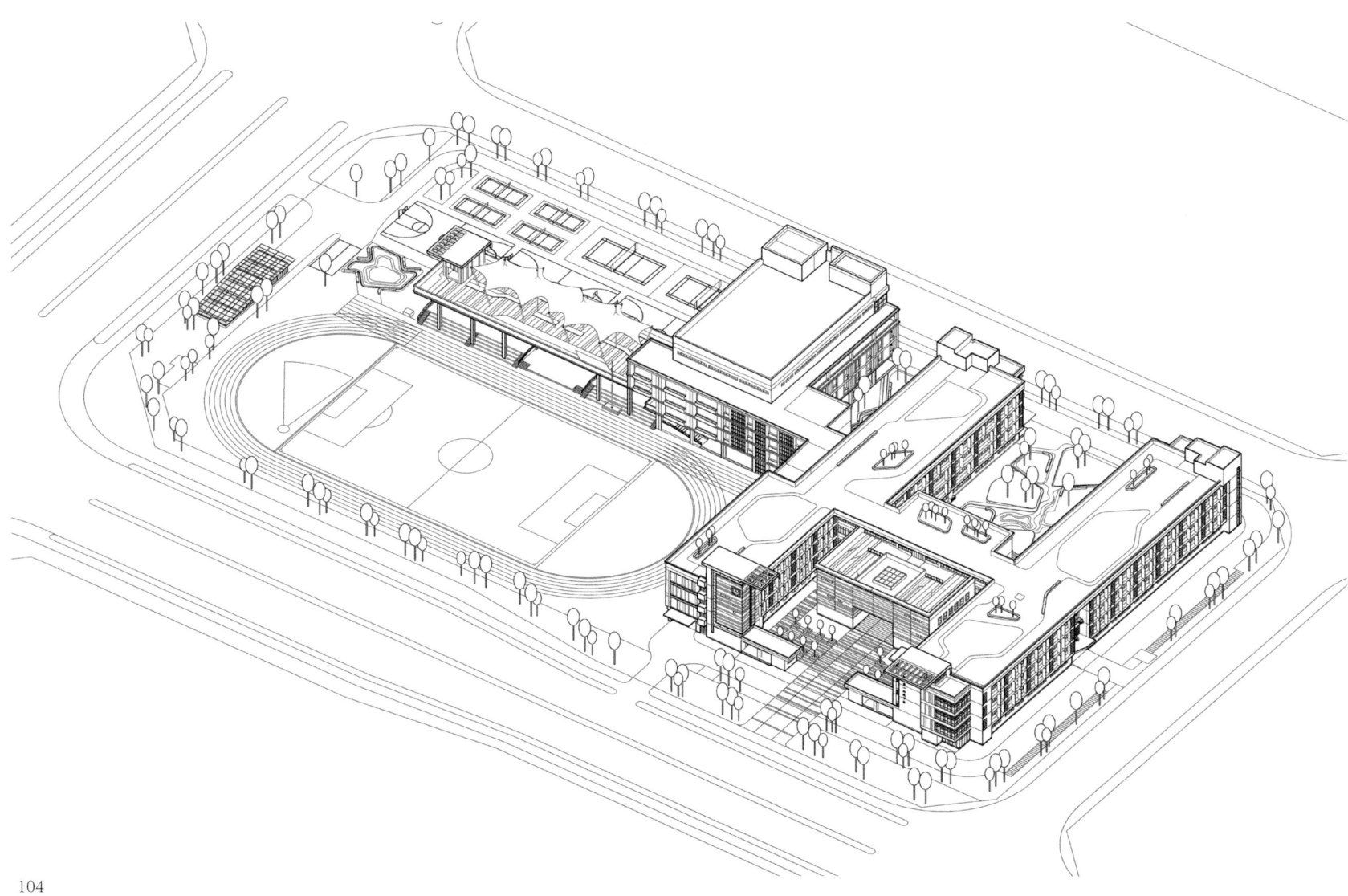

西安沣东新城第一初级中学　XI'AN FENGDONG NEW CITY NO.1 MIDDLE SCHOOL

- 以人为本的建筑空间塑造：针对学生的行为特点，从儿童的身体条件出发，淡化空间的空大感，并强调细节尺度把控，设置了更加符合学生需求的建筑空间。注重交流娱乐空间的营造，让学生在身心发展、学习知识、培养兴趣等诸多方面得到全面的关怀，让学生在体验中学习和成长。
- 便捷高效的空间流线：建筑采用活动长廊组织交通，通过入口广场、连廊、庭院等空间将教学区、办公区、后勤区和室外活动区联系在一起，空间实用、便捷高效。建筑通过院落围合式的布局方式，组织独立、有序的空间序列，强调室内室外公共空间的融合。

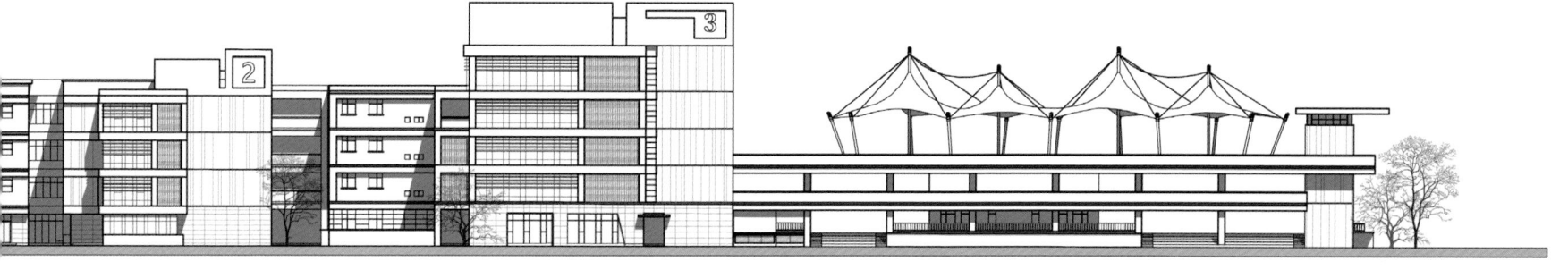

西安沣东新城第一初级中学　XI'AN FENGDONG NEW CITY NO.1 MIDDLE SCHOOL

■ 追求健康舒适的室内环境：教学单元严格控制朝向，教室内均具有良好的光照，东西朝向较强的阳光部位设置建筑遮阳装置；重视校园内的噪声控制，特别是在教室设计时采取了具有针对性的降噪设计措施，控制隔音量和混响时间，改善了教室声学环境。

■ 不拘一格的色彩设计：通过色彩构成的手法，在学校立面设计中以"学院红"的渐变色为主、撞色为辅的方式，强调点、线、面的构成逻辑，既追求红色系列与整体沣东区域环境的协调，同时又追求青春洋溢、不拘一格的校园形象，为整个沣东区域在校园建筑的红色基因中注入了一抹独特的色彩。

■ 学校立面

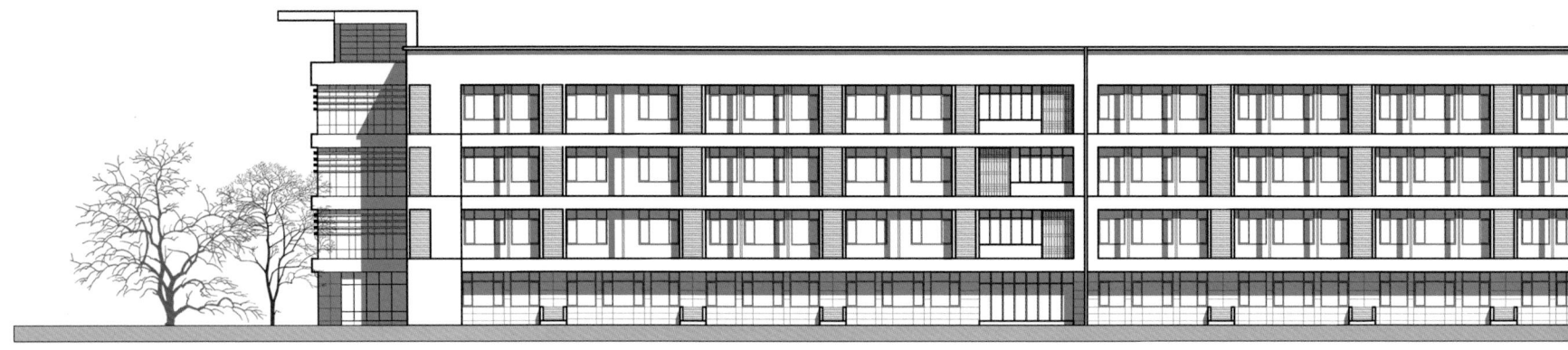

西安沣东新城第一初级中学　XI'AN FENGDONG NEW CITY NO.1 MIDDLE SCHOOL

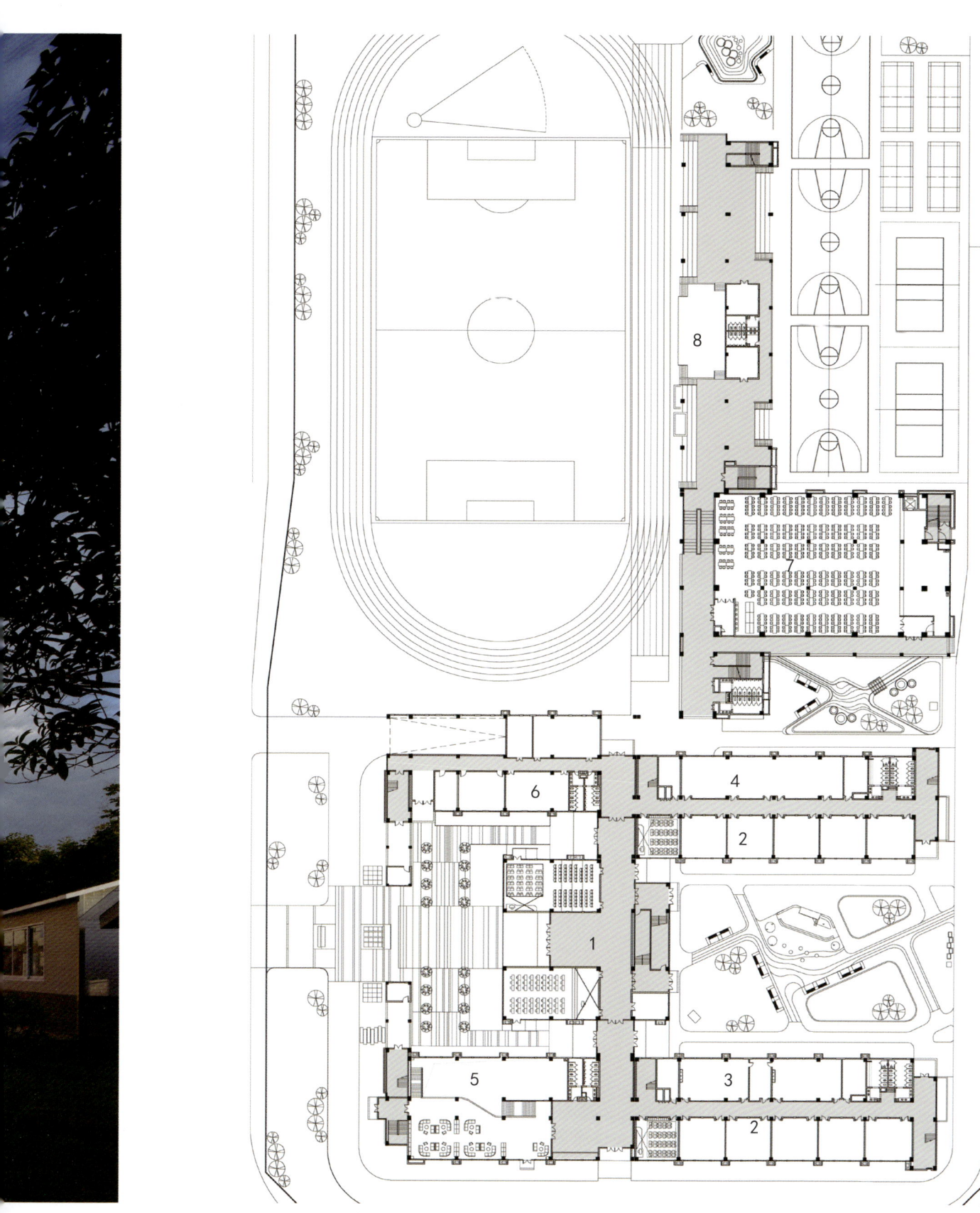

■ 一层平面图

1 学校大堂
2 普通教室
3 兴趣教室
4 STEAM教室
5 图书馆
6 行政办公
7 学生食堂
8 主席台

西安沣东新城第一初级中学 XI'AN FENGDONG NEW CITY NO.1 MIDDLE SCHOOL

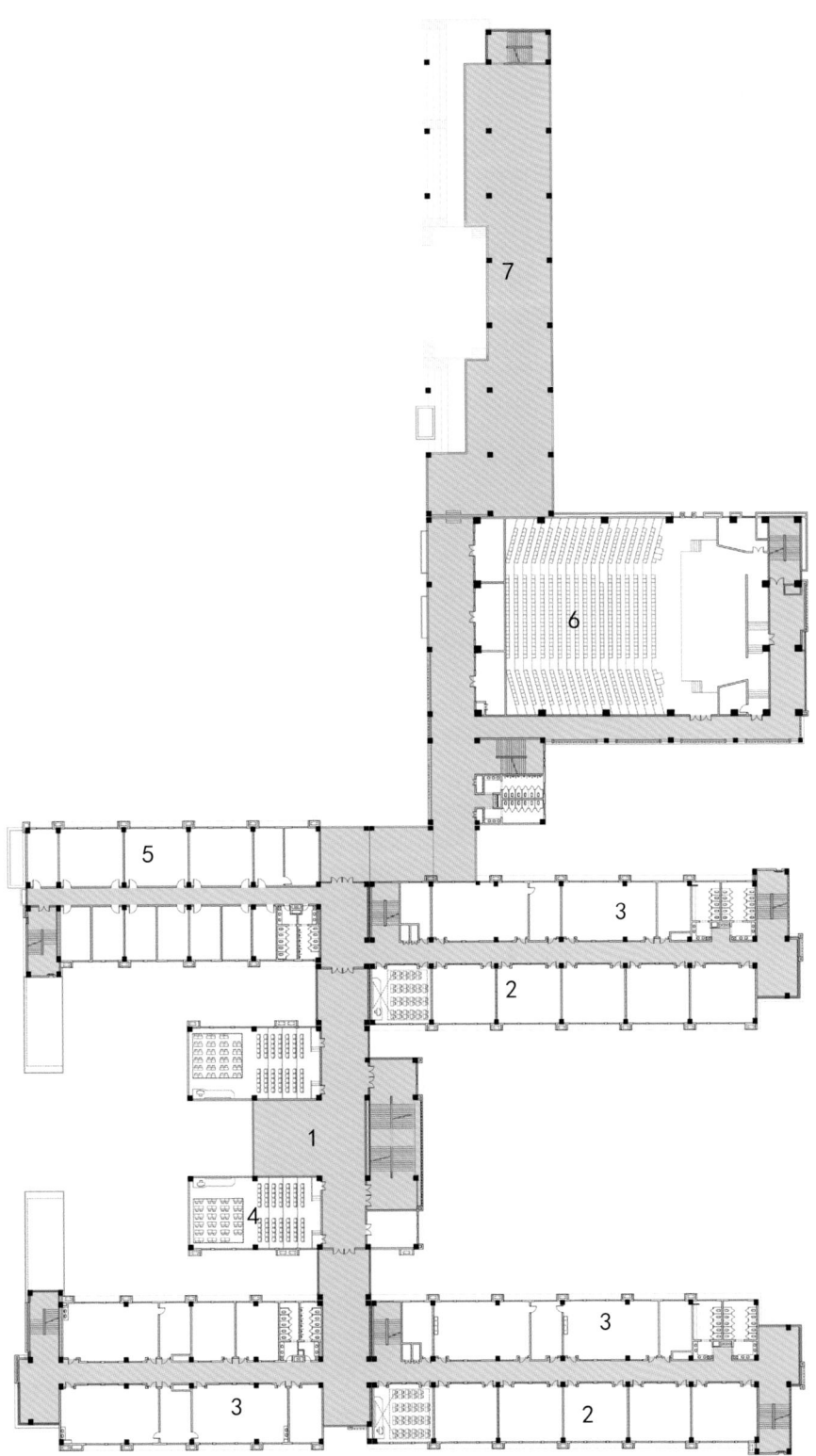

■ 二层平面图

1 活动厅
2 普通教室
3 专用教室
4 多功能教室
5 行政办公
6 报告厅
7 活动长廊

西安沣东新城第一初级中学　XI'AN FENGDONG NEW CITY NO.1 MIDDLE SCHOOL

■ 三层平面图

1 活动厅
2 普通教室
3 专用教室
4 行政办公
5 报告厅上空
6 室外平台

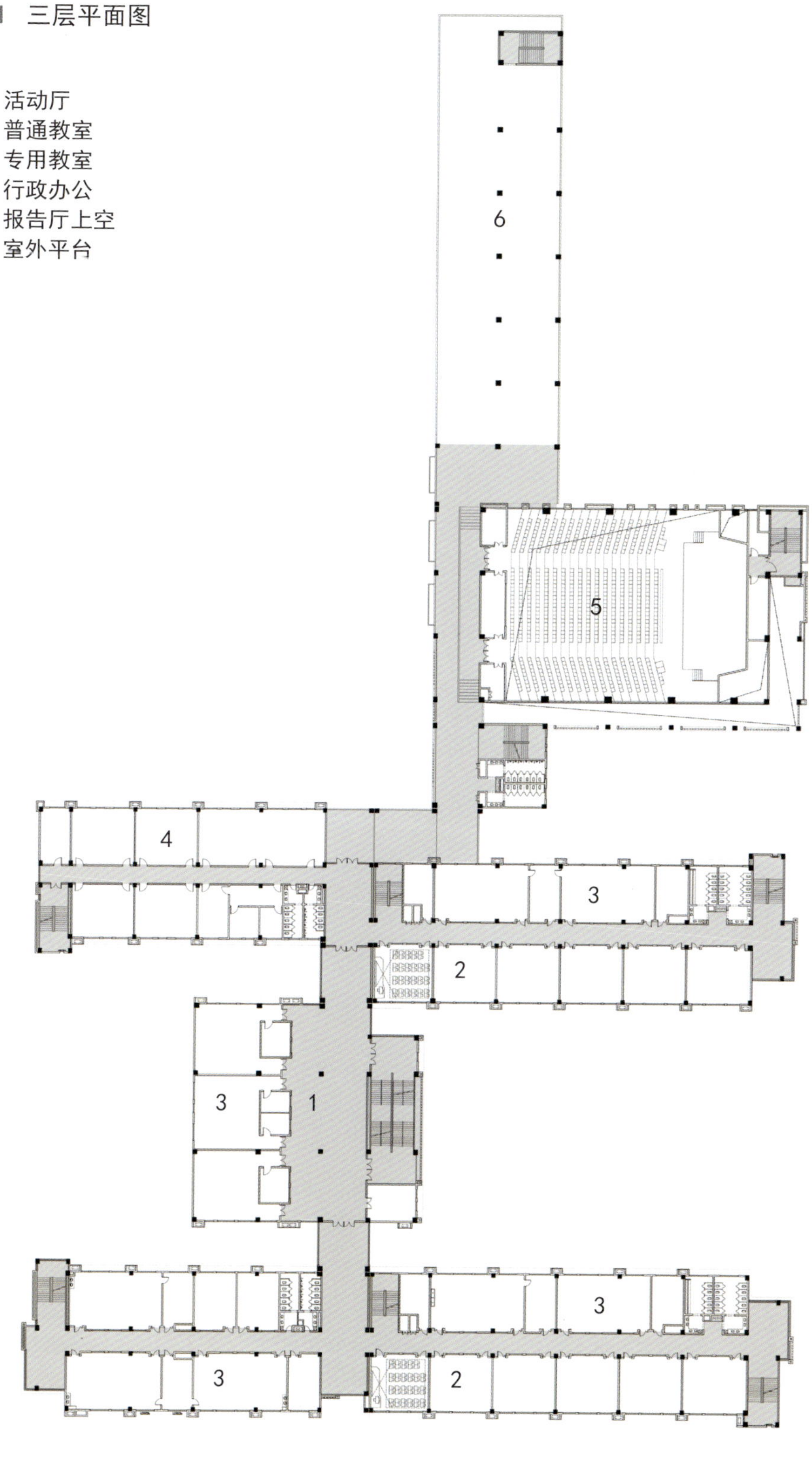

■ 四层平面图

1 活动厅
2 普通教室
3 专用教室
4 教师休息室
5 风雨操场
6 室外平台

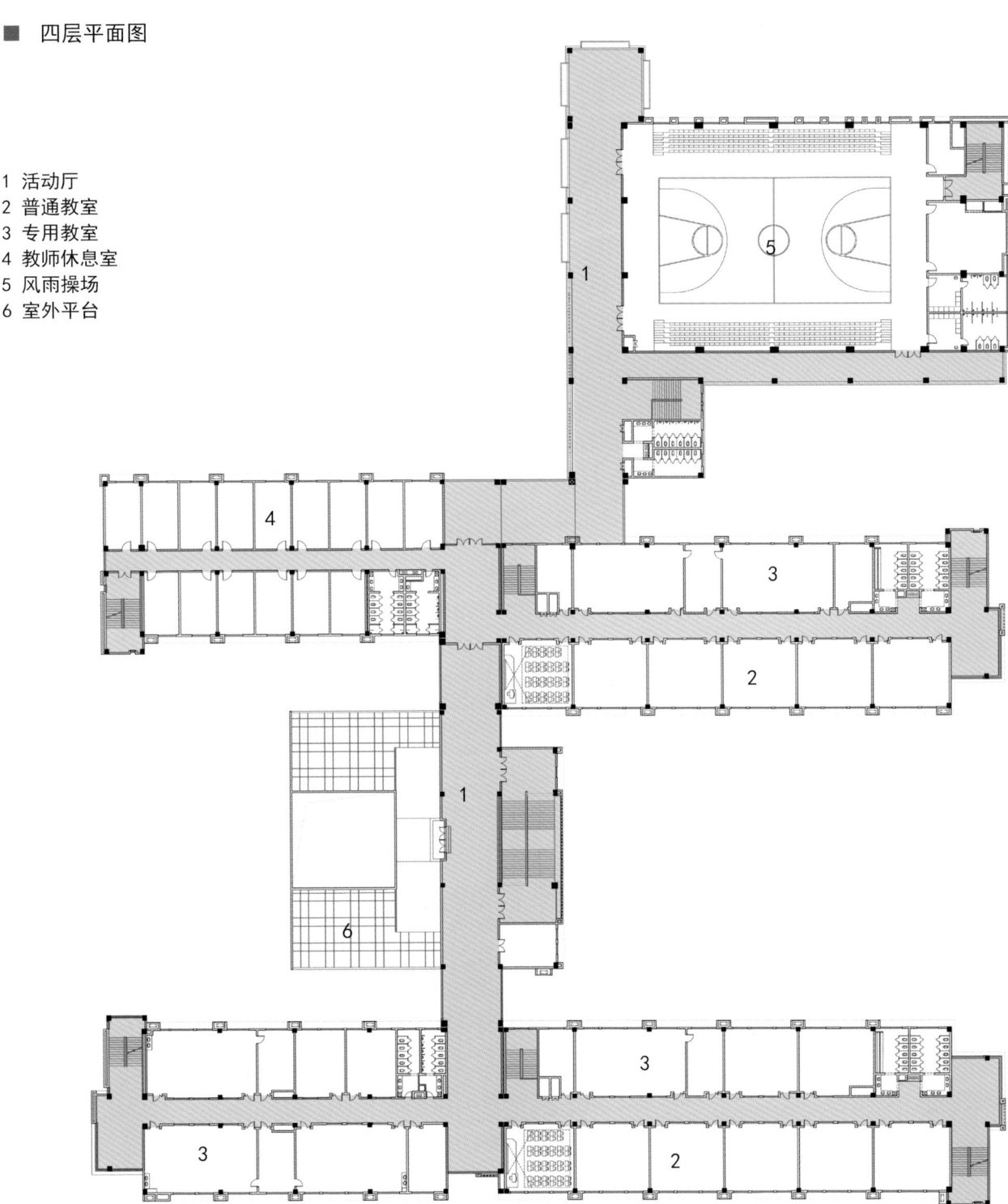

西安沣东新城第一初级中学　XI'AN FENGDONG NEW CITY NO.1 MIDDLE SCHOOL

■ 综合楼局部剖面图

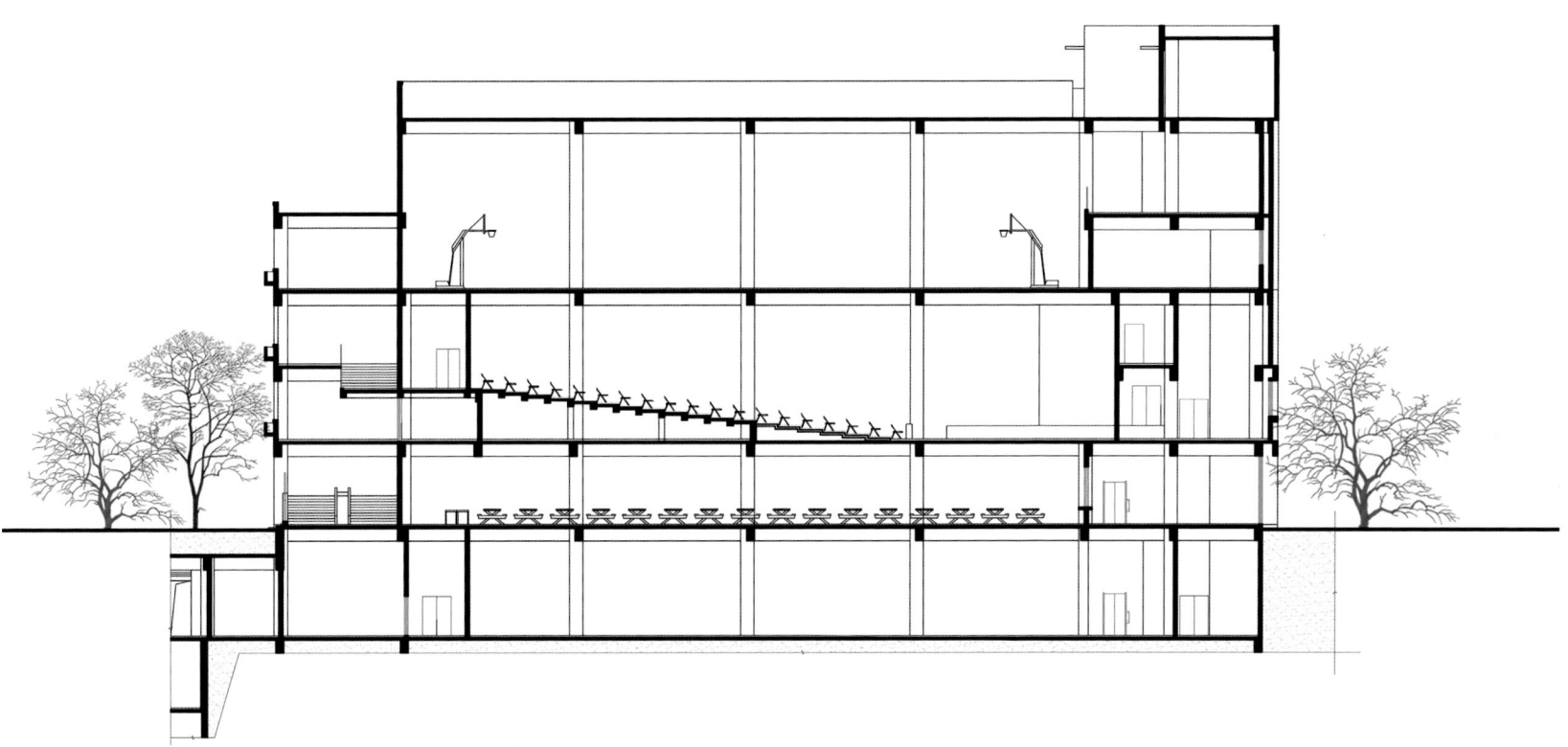

西安高新区第十一小学
XI'AN GAOXIN DISTRICT NO.11 PRIMARY SCHOOL

设计单位：中联西北工程设计研究院有限公司
项目地点：西安高新区创汇社区 D 区
设计时间：2016 年
竣工时间：2018 年
用地面积：23000 ㎡
建筑面积：29480 ㎡
班级规模：36 班

建　筑：倪　欣、卢秀丽、魏　峰、王　博、贺　飞
结　构：冉　超、梁润超、张　智、肖冠湘
给排水：陈　欣、晁　磊、米晓勇、何志宽
暖　通：周雅慧、郑　锐、赵勇兵、谢长贵
电　气：李　欣、邱敏英、刘华伟、高博超
摄　影：张晓明

"庭院深深深几许" "桃李阴阴柳絮飞"

西安高新区第十一小学（原名创汇D小学）也是安置区的一所小学，用地极度紧张，甚至不能满足合理的活动场地的需求。学校虽然微小，但还是希望学校有自己的特色，尤其不要一走入校门便被一眼望穿，能让孩子们穿行，在学校中更有趣味。往往曲折的路径也会让孩子们更有神秘感和空间感，也能呈现不同的礼仪和秩序。因而我们设计了几组不同的围合庭院来拓展校园的尺度。"院子"是学校空间的构成线索和主题，同时也使孩子们的活动场地在城市中心区闹中取静，不受周边商业及道路交通的干扰。

规划中设计了三重院落，由礼仪堂、书香阁和闲庭院组成，庭院类型空间交错，试图让喜欢奔跑嬉戏的孩子们甚至觉得学校并不微小，也期望让近尺度距离的传统景墙夸张变异，试图在传统中融入童趣，让儿时的校园记忆不再枯燥、单调,同时也旨在营造"庭院深深深几许""桃李阴阴柳絮飞"的传统书香意境。既充满活泼童趣，又不失传统园林白墙黛瓦、诗画同源的意境追求，穿梭在景墙旁的捉迷藏或许成为儿时永恒的美好瞬间。校园风格依然同西安高新第九小学（原名创汇C小学）保持了一体的风貌，依然用青砖、灰瓦、白墙、木构来营造朴实、自然的传统书院意境，期待校园在安置社区内用地极度紧张的情况下依然微小但存有久违的书香氛围，传统中又不失现代与活力。

西安高新区第十一小学　XI'AN GAOXIN DISTRICT NO.11 PRIMARY SCHOOL

礼仪堂
院落（一）

书香阁
院落（二）

闲庭院
院落（三）

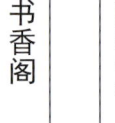

■ 规划中设计了三重院落，由礼仪堂、书香阁和闲庭院组成，旨在营造"庭院深深深几许"、"桃李阴阴柳絮飞"的传统书香意境。

■ 总平面图

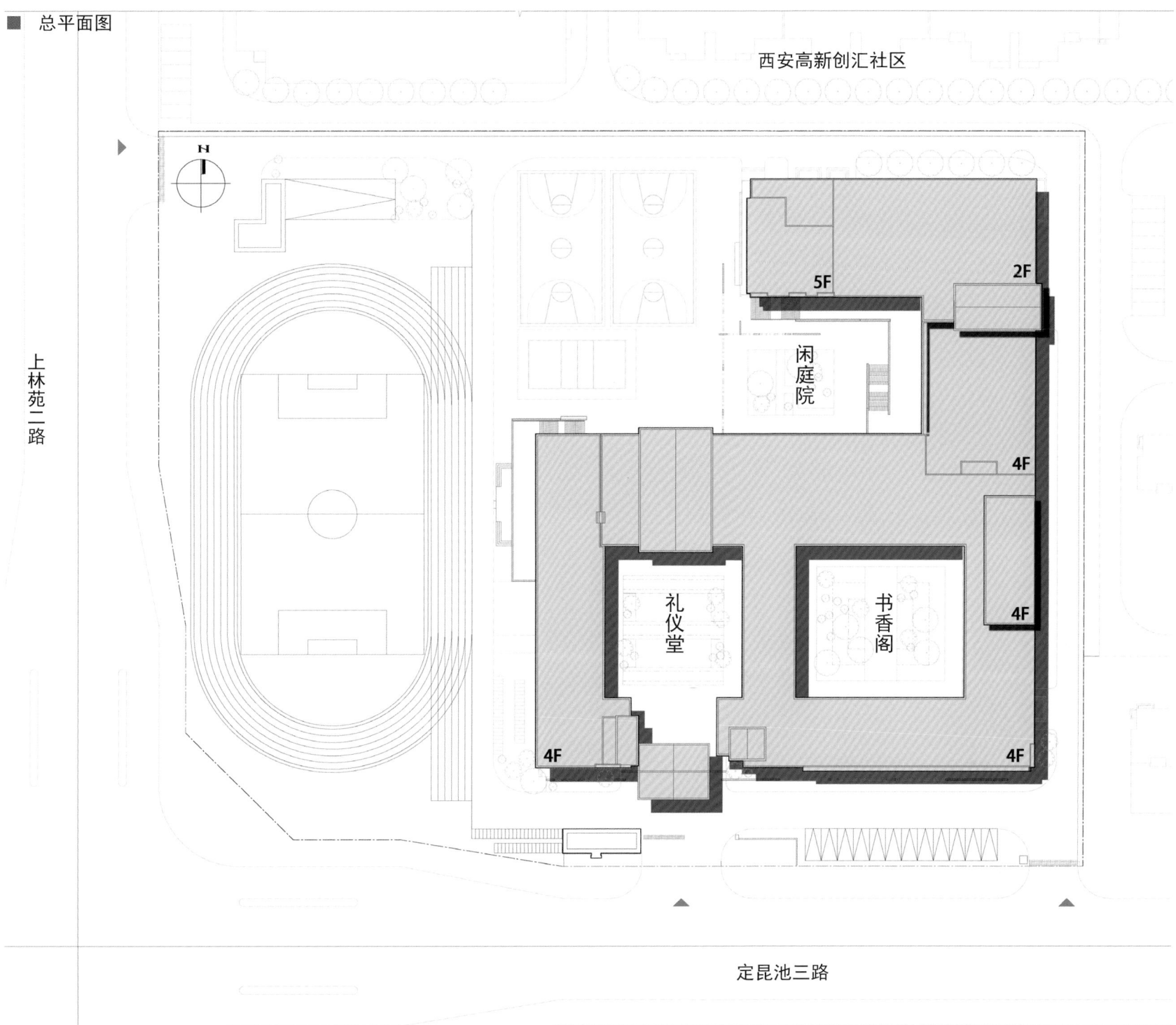

■ 项目位于西安最大的农民安置区内，用地集约高效，校园院落层次丰富，学校建筑呈现出良好的一体性与完整性。项目追求朴素、实用的建筑技术与原生态的建筑材料，力求营造出典雅质朴的书院氛围，改变了人们对传统安置项目的印象。
■ 项目规划运用中国传统院落空间纵深多进的布局形式，塑造出层层递进的院落空间，增添了空间的序列感和多样性，同时也力求拉伸学校的空间尺度，以减少用地不足的困扰。"院子"是学校空间的构成线索和主题，同时也使孩子们的活动场地在城市中心区闹中取静。

西安高新区第十一小学　XI'AN GAOXIN DISTRICT NO.11 PRIMARY SCHOOL

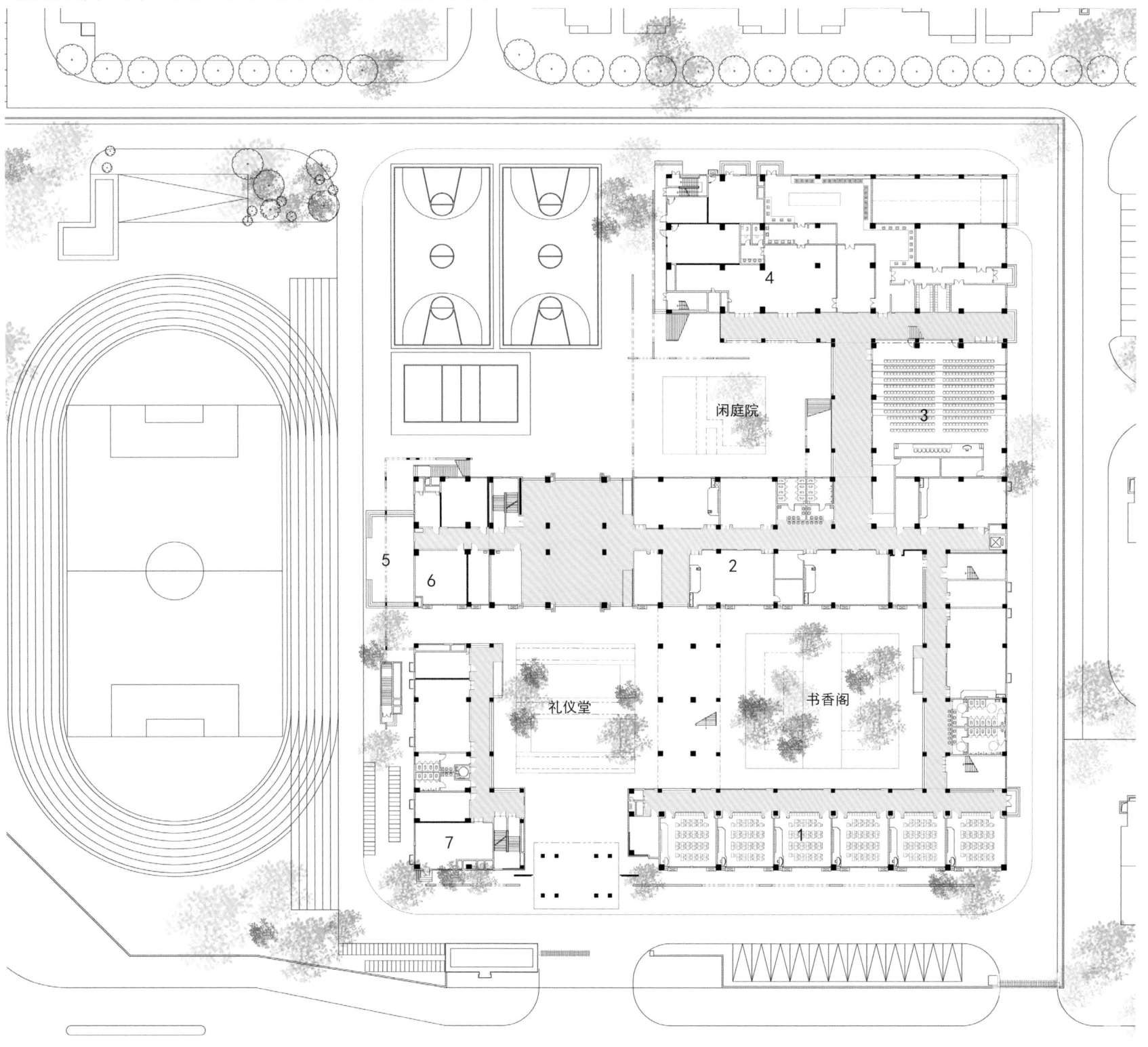

■ 一层平面图

1 普通教室　2 兴趣教室　3 报告厅　4 食堂　5 主席台　6 行政办公　7 接待

西安高新区第十一小学　XI'AN GAOXIN DISTRICT NO.11 PRIMARY SCHOOL

■ 学校剖面

西安高新区第十一小学　XI'AN GAOXIN DISTRICT NO.11 PRIMARY SCHOOL

西安高新区第十一小学　XI'AN GAOXIN DISTRICT NO.11 PRIMARY SCHOOL

■ 营造久违的书香氛围，青砖、白墙等细节设计营造朴实自然的传统书院意境，而木构、灰瓦等原生态材料的运用，旨在低造价下塑造出清新雅致。

西安高新区第十一小学　XI'AN GAOXIN DISTRICT NO.11 PRIMARY SCHOOL

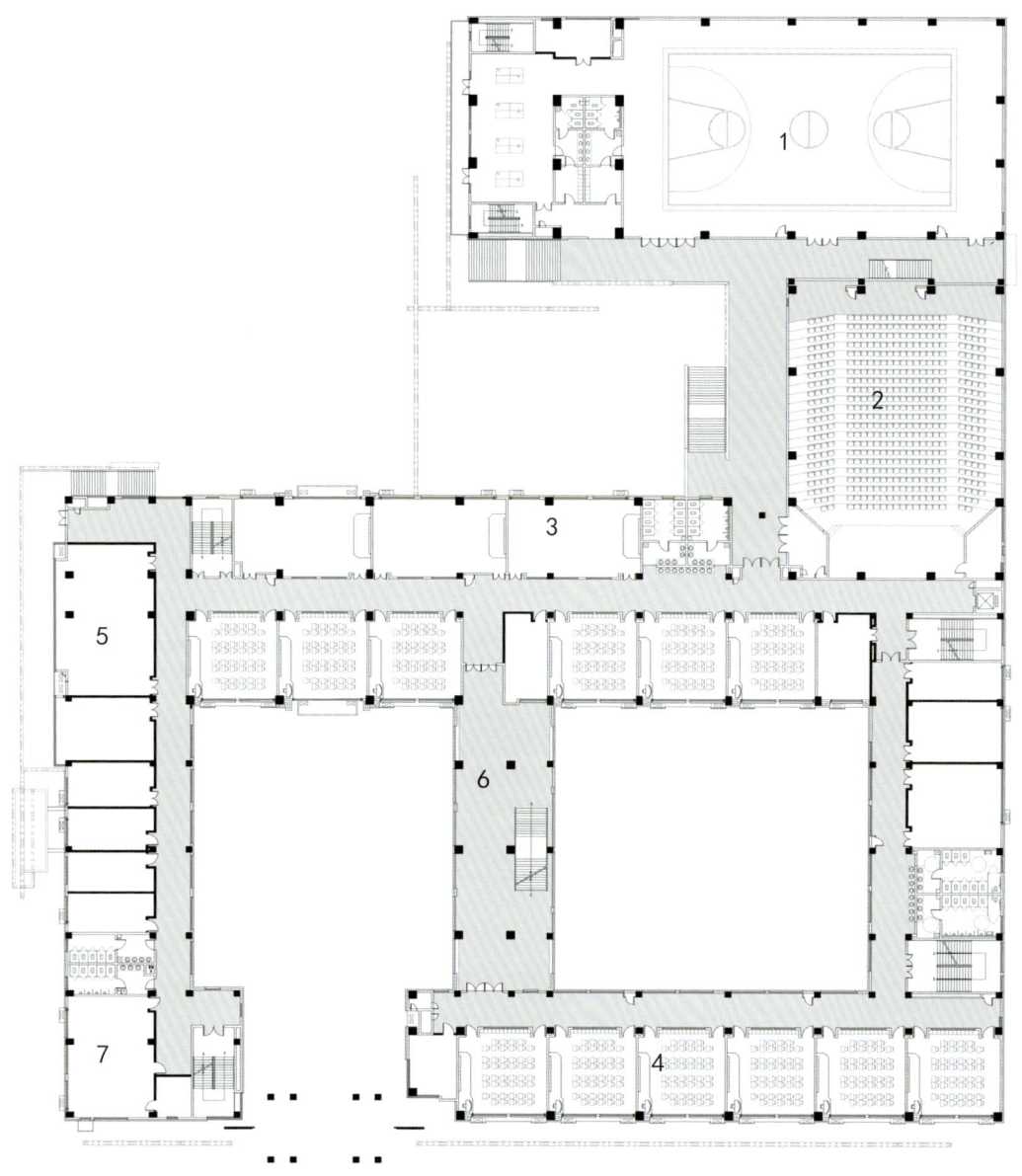

■ 二层平面图　　1 风雨操场　2 报告厅　3 兴趣教室　4 普通教室　5 行政办公　6 共享连廊　7 接待

西安高新区第十一小学　XI'AN GAOXIN DISTRICT NO.11 PRIMARY SCHOOL

■ 校园建筑空间的创新性与使用功能高度融合，所体现出的建筑气质与地域传统文化相互契合，在传统语境下的变化与创新，比起同类校园建筑中独具特色。

西安航天城第一小学东校区
THE EAST CAMPUS OF XI'AN AEROSPACE CITY NO.1 PRIMARY SCHOOL

设计单位：中联西北工程设计研究院有限公司
项目地点：西安航天新区
设计时间：2020年
竣工时间：2021年
用地面积：21200 m²
建筑面积：42457 m²
班级规模：36班

建　筑：倪　欣、蒋　浩、袁琦敏、卢秀丽、罗佳乐
结　构：董　超、解肖智、胡　越、梁润超
给排水：张伟刚、米晓勇、张雅潇
暖　通：聂　斌、赵　杰、赵勇兵、丁　峰
电　气：高博超、高　贝、王晓萌、李　欣
摄　影：张晓明

浓烈的色彩描绘属于孩子的五彩斑斓
天马行空的设计语言搭建起一座充满童趣的"积木校园"

西安航天城第一小学东校区坐落在航天新城内，与西安航天城第十学校隔路相望。学校四周高楼林立，它们是城市的脉搏，见证着城市的喧嚣与繁忙。俯卧在这建筑森林之下，学校寄托着千万家庭的希望，它不仅是一所教育机构，更是孩子们童年的乐土，小小的校园承载着每个孩子大大的梦想。

设计初期，我们面临着极度有限的用地挑战。如何在狭小的土地上打造一座有利于学生身心健康成长的高品质校园？怎样避免千篇一律的设计，创造一所特色鲜明的学校？如何最大程度地减轻周边城市的交通拥堵，减少家长接送的压力？这是我们设计初期深思熟虑的三大问题。

面对有限的土地，建筑采用了集约化的布局形态，以期最大程度地利用土地。建筑形体以"积木校园"为设计理念，从儿童的心理角度出发，以天马行空的设计语言搭建起一座充满童趣的"积木校园"，孩子们可以在这里充分释放天性。学校的立面色彩以黄橙红渐变为主打色，期待在这里上学的孩子们如向日葵一般向往阳光、充满希望，勇敢追逐自己的梦想，同时跳跃的橙色也是航天城特定的主要色彩符号。地下地面的双港湾接送系统旨在最大程度地减轻城市的交通压力。项目强调小学生的行为特点，营造适合孩子成长的校园环境和氛围，设计了丰富的室内外共享空间，注重利用多维度庭院、开放图书馆、共享交流大厅、屋面活动平台等共享空间为学生的兴趣探索、交往互动提供多种可能，同时追求多样性、共享性、安全性的空间需求和高效、便捷的空间模式。为满足未来教育多元化的需求，积极发展地下、屋面等空间，设计了不同层级的绿化，拓展学生活动场地，营造立体校园，创造丰富灵动的室内外空间。

西安航天城第一小学东校区克服了用地严重不足的困扰，以独特的双港湾接送模式最大程度地缓解了城市交通压力。在追求功能集约便捷高效的同时，力求从儿童的行为与心理重塑校园空间，给儿童提供更多体验感的校园环境，与儿童站在平等视角塑造传承文化、扶植思想的教育场所。尤其在色彩设计上大胆求新、不拘一格。在这里，每一位孩子都是建筑师，可以用自己的积木，搭建憧憬自己的未来。航天新城的区域主打色是橙色，我们选用了航天新城的代表色橙色与白色相搭配，但注重色彩是五彩多元的，我们期待用多彩的校园画面去装扮孩子们五彩斑斓的世界。

西安航天城第一小学东校区 THE EAST CAMPUS OF XI'AN AEROSPACE CITY NO.1 PRIMARY SCHOOL

■ 西安航天城第一小学东校区位于航天新城飞天路和韩家湾路东北角，为全日制36班小学，总用地面积31.8亩，地上面积为25440㎡，地下面积为17000㎡。

■ 总平面图

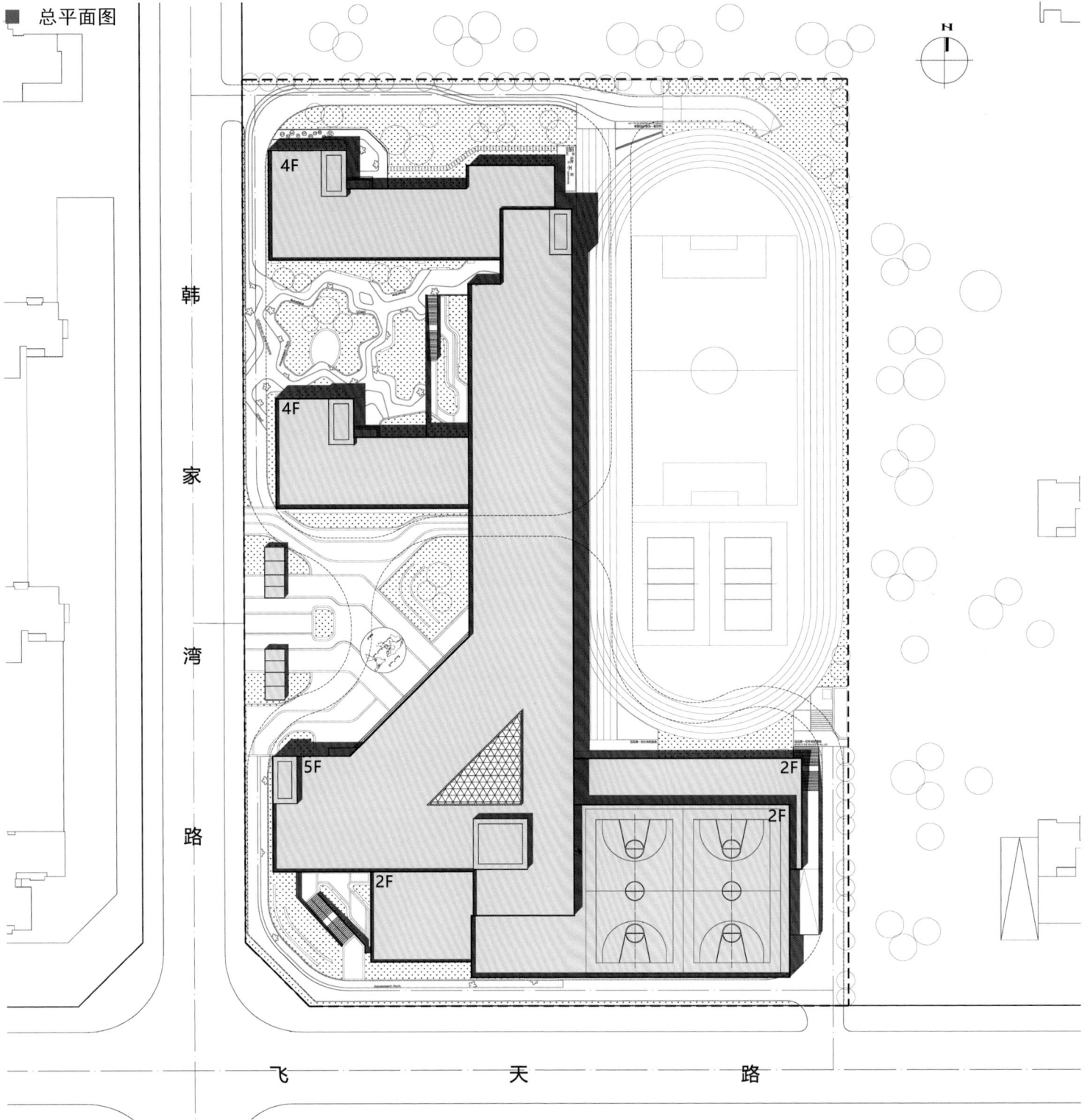

■ 西安航天城第一小学东校区坐落在航天新城内，与团队所做的西安航天城第十学校隔路相望。学校四周高楼林立，它们是城市的脉搏，见证着城市的喧嚣与繁忙。俯卧在这建筑森林之下，学校寄托着千万家庭的希望，它不仅是一所教育机构，更是孩子们童年的乐土，小小的校园承载着每个孩子大大的梦想。

■ 轴测图

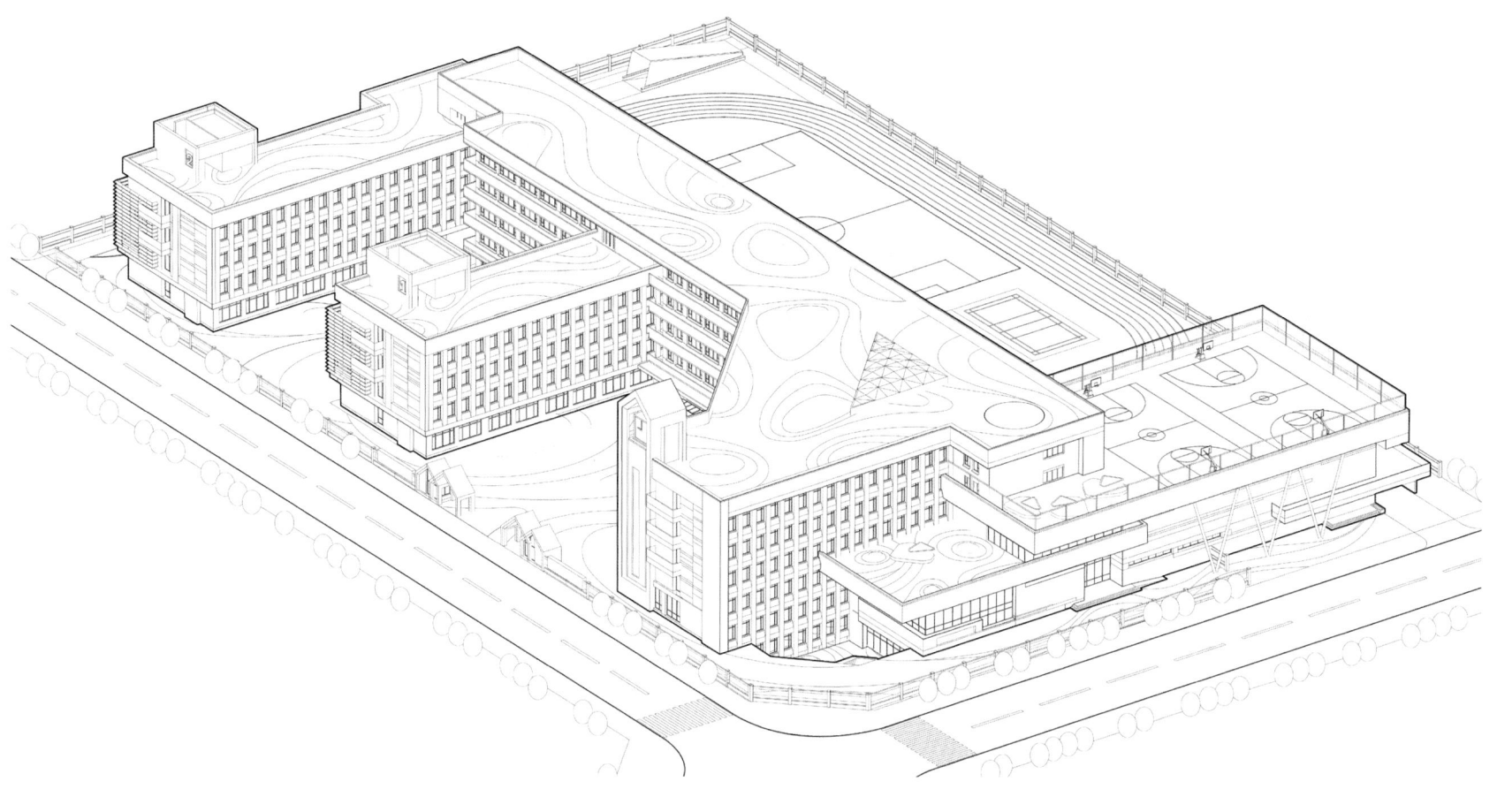

■ 面对有限的土地，建筑采用了集约化的布局形态，以期最大程度地利用土地。建筑形体以"积木校园"为设计理念，从儿童的心理角度出发，以天马行空的设计语言搭建起一座充满童趣的"积木校园"，孩子们可以在这里充分释放天性。地下地面的双港湾接送系统旨在最大程度地减轻城市的交通压力。

西安航天城第一小学东校区 THE EAST CAMPUS OF XI'AN AEROSPACE CITY NO.1 PRIMARY SCHOOL

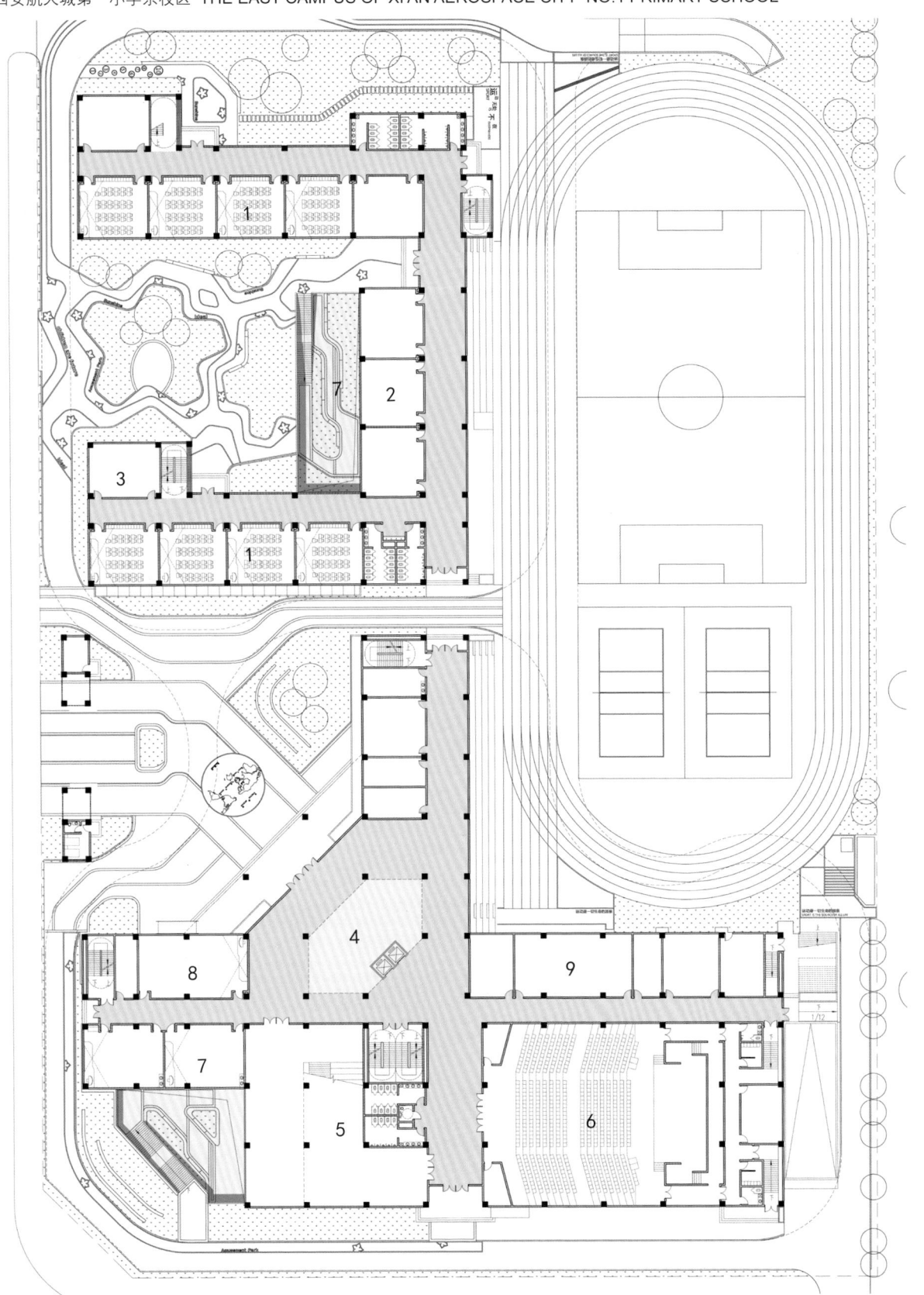

■ 一层平面图

1 普通教室
2 公共活动教室
3 教师办公室
4 共享交流大厅
5 开放图书馆
6 报告厅
7 下沉庭院
8 功能部室
9 行政办公

西安航天城第一小学东校区 THE EAST CAMPUS OF XI'AN AEROSPACE CITY NO.1 PRIMARY SCHOOL

■ 学校的立面色彩以黄橙红渐变为主打色,期待在这里上学的孩子们如向日葵一般向往阳光、充满希望,勇敢追逐自己的梦想,同时跳跃的橙色也是航天城特定的主要色彩符号。

西安航天城第一小学东校区 THE EAST CAMPUS OF XI'AN AEROSPACE CITY NO.1 PRIMARY SCHOOL

■ 学校立面

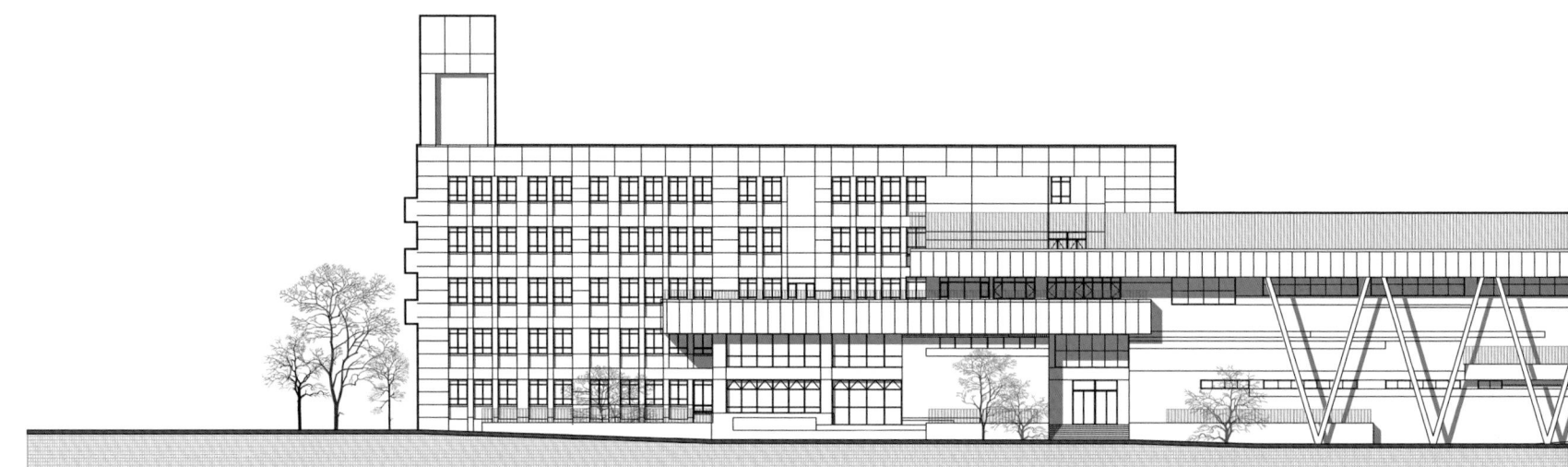

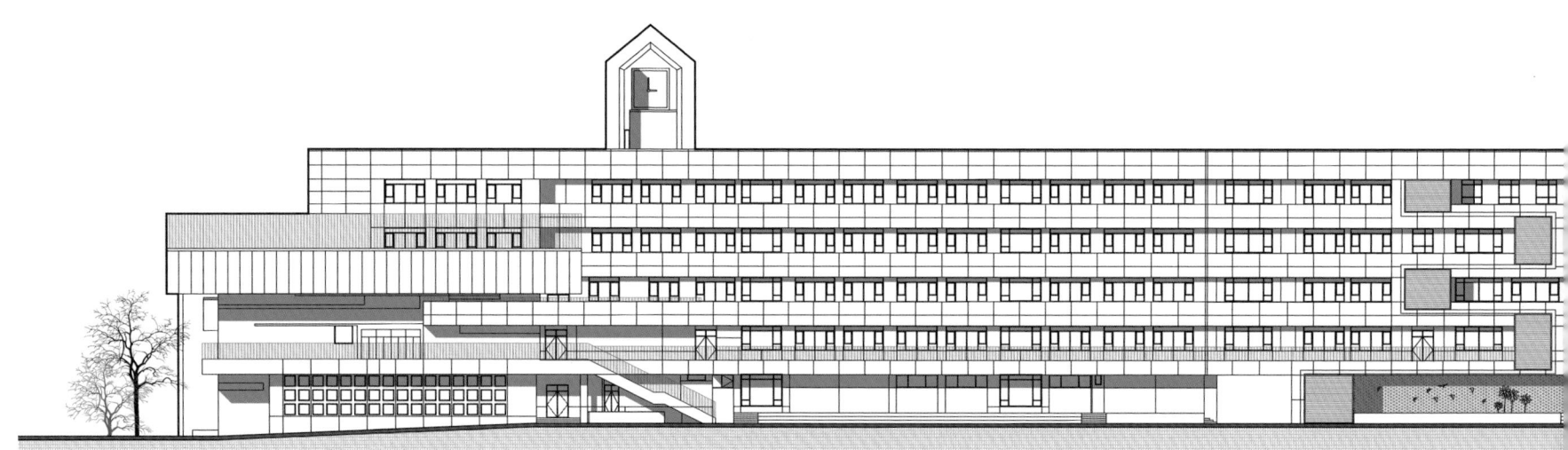

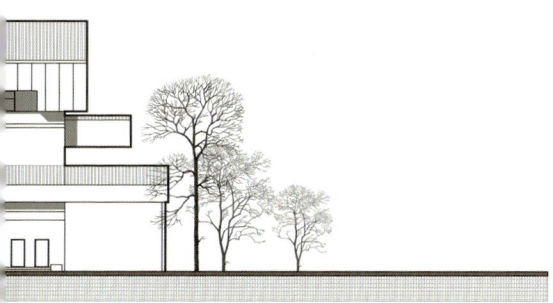

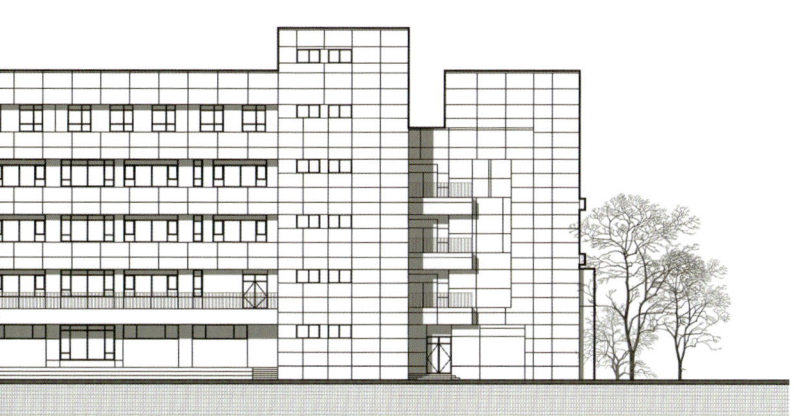

西安航天城第一小学东校区 THE EAST CAMPUS OF XI'AN AEROSPACE CITY NO.1 PRIMARY SCHOOL

■ 项目强调小学生的行为特点，营造适合孩子成长的校园环境和氛围，设计了丰富的室内外共享空间，注重利用多维度庭院、开放图书馆、共享交流大厅、屋面活动平台等共享空间为学生的兴趣探索、交往互动提供多种可能，同时追求多样性、共享性、安全性的空间需求和高效、便捷的空间模式。为满足未来教育多元化的需求，积极发展地下、屋面等空间，设计了不同层级的绿化，拓展学生活动场地，营造立体校园，创造丰富灵动的室内外空间。

西安航天城第一小学东校区 THE EAST CAMPUS OF XI'AN AEROSPACE CITY NO.1 PRIMARY SCHOOL

西安航天城第一小学东校区 THE EAST CAMPUS OF XI'AN AEROSPACE CITY NO.1 PRIMARY SCHOOL

■ 学校立面

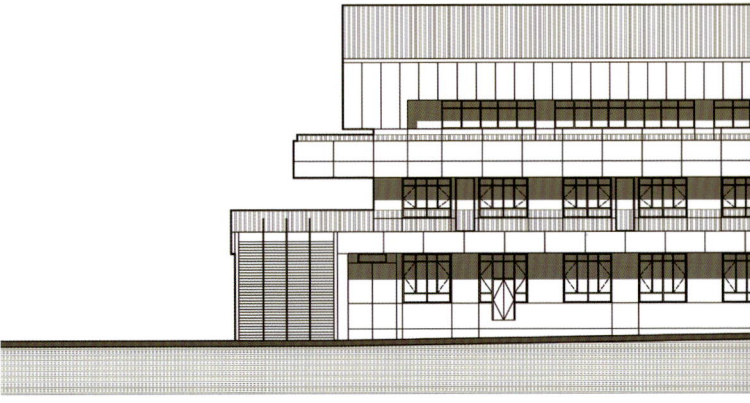

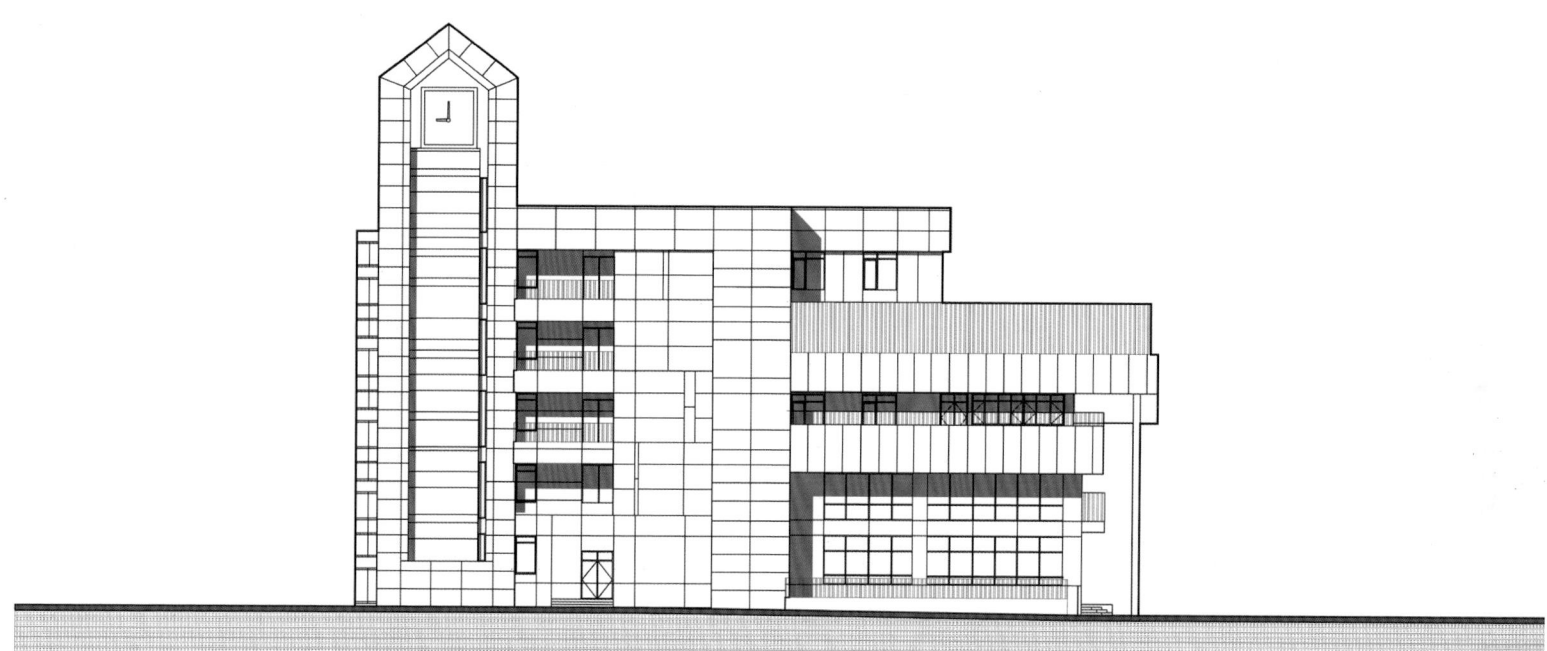
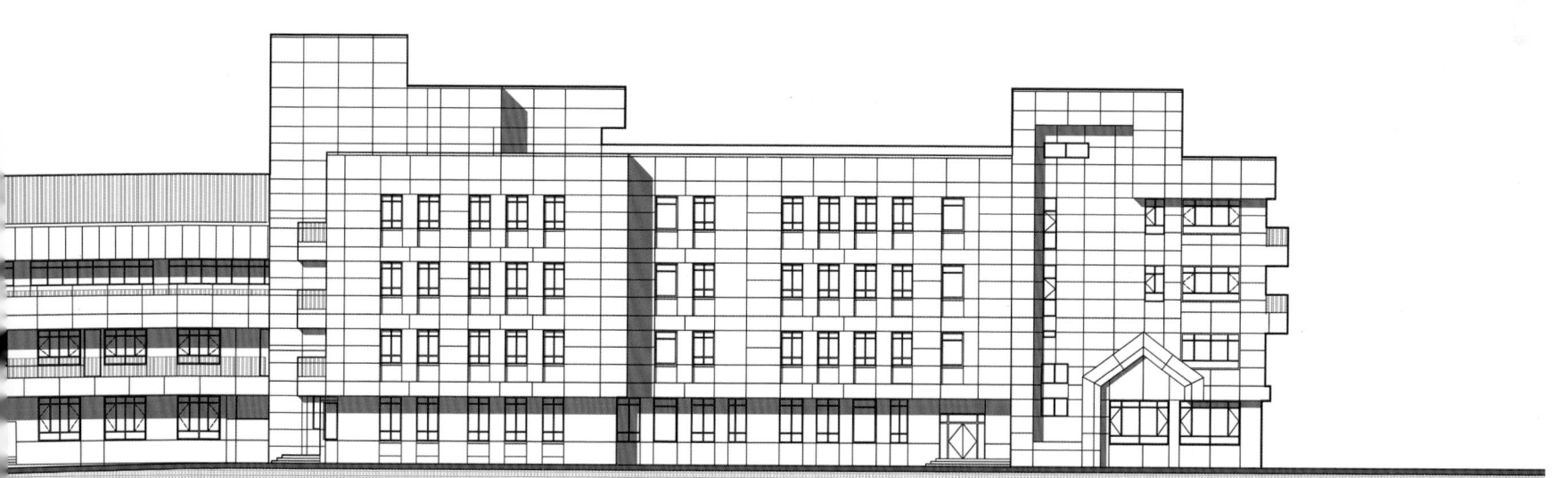